U0190198

著作权合同登记号：陕版出图字25-2020-159

First published in the UK by Magic Cat Publishing
Adventure Starts At Bedtime ©2020 Magic Cat Publishing Ltd
Text ©2020 Ness Knight
Illustrations ©2020 Qu Lan

图书在版编目（CIP）数据

环球探险故事：35位"探险王"的传奇经历 ／（英）
内斯·奈特编著；瞿澜图；Karen译. 一 西安 ：未来
出版社，2021.8
ISBN 978-7-5417-7212-2

Ⅰ．①环… Ⅱ．①内… ②瞿… ③K… Ⅲ．①探险－
世界－普及读物 Ⅳ．①N81-49

中国版本图书馆CIP数据核字(2021)第099088号

环球探险故事 35位"探险王"的传奇经历
Huanqiu Tanxian Gushi 35 Wei "Tanxian Wang" de Chuanqi Jingli
[英]内斯·奈特 编著 瞿澜 图 Karen 译

图书策划 孙肇志	**责任编辑** 李海怡
策划编辑 刘峻宇	**特约编辑** 刘峻宇
美术编辑 任君雅	**封面设计** 侯鹏飞

出版发行 陕西新华出版传媒集团　未来出版社
地址 西安市雁塔区登高路1388号（邮编 710061）
开本 889 mm×1 194 mm 1/16 **印张** 8.25
字数 41.25千字
印刷 鹤山雅图仕印刷有限公司
版次 2021年8月第1版
印次 2021年8月第1次印刷
书号 ISBN 978-7-5417-7212-2
定价 88.00元

出品策划 荣信教育文化产业发展股份有限公司
网址 www.lelequ.com　**电话** 400-848-8788
乐乐趣品牌归荣信教育文化产业发展股份有限公司独家拥有
版权所有　翻印必究

环球探险故事

— 35位"探险王"的传奇经历 —

[英]内斯·奈特 编著　　瞿澜 图

Karen 译

乐乐趣

陕西新华出版传媒集团

未来出版社

·西安·

→ 序

山河入梦

《户外探险》杂志主编　宋明蔚

没有一位少年不想成为探险家，这是我在长大后才发现的事实。少年时期，我每天背着沉重的书包往返于学校和家之间。完成作业后，在父母的催促下，我才恋恋不舍地上床睡觉。偶尔，我也会打着手电筒，躲在被窝里偷偷看书。

被窝里的方寸之间，黑咕隆咚，我的想象却自由无边。我会跟随凡尔纳游历地心，经历阿加莎笔下的尼罗河惊魂，甚至飞向太空回望蔚蓝色的地球。

少年时最大的梦想就是没有作业，其次便是成为探险家，无忧无虑地探索这个世界。这看上去是两件事，但本质上是一件事，那便是自由。

长大成年以后，自由多了，却越来越瞻前顾后，于是常常回忆起敢做梦的少年时代。

后来当我站在6000米雪山的峰顶，奔跑在阿尔卑斯山脉的群山之间，穿行在川西的原始森林，攀爬在百米高的垂直绝壁，我也会焦虑回去上班后如何处理请假这段时间积压的工作。这远远不如当年黑咕隆咚的被窝——能给我一种安静却充满想象的力量。

从那时起，我便知道，少年时的天马行空或许是我一生中想象力所能达到的极限。孩子的想象力是无穷的。如果你在少年时期埋下了一颗爱做梦的种子，这颗种子迟早会发芽。

《环球探险故事》就是这样一颗种子。不，是30颗种子，30种丰富多彩的探险人生：从1300多年前的大唐第一"背包客"玄奘，到2017年探秘活火山的阿尔多·凯恩；从世界之巅珠峰，到世界最低点马里亚纳海沟；从湿润的热带雨林，到干涸的死亡沙漠；还有南极探险、翱翔天空、潜入深海、大河溯源、环球航行、追踪生灵、发现物种、雪崩余生、迷失沙河、创造纪录、寻找文明……

　　每一篇故事虽短小，却用极具代入感的视角，让小读者瞬间穿越到探险的场景。翻开书后看到第一句话，寥寥几笔勾勒，就把我带到大冒险的起点。

　　就像小时候看的电影《勇敢者的游戏》，棋子移位，游戏开始。不管是惊魂甫定，还是命悬一线，你永远不知道自己这一次即将经历什么样的探险。

　　不同的是，这本书里讲述的都是真实的人生经历。这样的人生很酷。这些伟大的探险家从小就能拥有攀登珠峰、潜入深海、翱翔天空的梦想很酷。

　　这种酷，并不是建立在"我比你强，比你厉害"的攀比心之上，而是出于尊重。一种人与人之间的尊重，人与自然之间的尊重。这是都市生活中一种不太常见的体验。当他们用探险的方式，与自然近距离接触时，他们只会感受到自然的伟大与身为人类的渺小。

　　当小读者心怀天地，心向群山，面朝大海时，心境会更加开阔。他们知道在以后的漫漫人生之路上，自己真正的征途不是眼下的"小红花"，而是定会让他们更加陶醉的山河湖海。

　　我还希望小读者能够汲取到勇气的力量。《户外探险》杂志上常出现一句话：户外不是探险，人生才是。我们深知每一次探险的艰辛。我们更知道，在生活面前，再艰难的探险都相形见绌。

　　生活本身就是一场大冒险。书中种种探索世界的方式，会给予我们一种原始且丰沛的力量，让我们心怀勇气，去面对生活中的一切。

　　祝福每一位小读者，愿你山河入梦，勇敢前行。

前　言

纵观几千年的人类社会史长河，你会发现人在社会发展中，起到了至关重要的作用，而杰出人物的助推作用是巨大的。在这些起着巨大助推作用的杰出人物中，就有探险家的身影，他们是时代发展进步的先行者和开拓者。

在陆地，公元前138年，丝绸之路的开拓者张骞出使西域，开始了连接东西方世界的"凿空之旅"；在海洋，1519年—1522年，葡萄牙探险家麦哲伦的船队，首次完成了人类环绕地球一周的航行；在太空，1969年，美国宇航员尼尔·阿姆斯特朗登陆月球，迈出了人类探索外太空的"一大步"；还有人类对南北极点、地心的探索……心之所向，遍布了人类前行的脚印。

以张骞、麦哲伦、阿姆斯特朗为代表的探险家，虽然所处的时代不同、国籍不同、种族不同，但他们有一些共同点：对未知世界充满了好奇；拥有无比强大的信念，以及为了信念义无反顾的决心；展现出了在面对挑战时不断超越自我，面对生死时镇定自若，为探险、为科学、为国家荣誉献身的英雄气概。这是所有探险家都拥有的"探险精神"。正是在这种探险精神的驱使下，人类社会才不断地发展进步，迈向一个又一个新阶段。

梁启超说："少年智则国智，少年富则国富，少年强则国强，少年独立则国独立，少年自由则国自由，少年进步则国进步，少年胜于欧洲则国胜于欧洲，少年雄于地球则国雄于地球。"

少年是国家的未来和希望，少年是人类的未来和希望。让少年走进大自然，养成探索、发现的习惯，久而久之，他们将具有独立思考的能力，具有勇敢、开拓、创新的精神，也就逐渐具备探险家的探险精神。只有拥有一批批具有探险精神的少年，国家和社会才有源源不断的前行的力量，文明之光才能在人类的历史长河中璀璨绽放。

《环球探险故事》的作者以细腻的笔触，塑造了一个个勇敢无畏的探险家形象。有不惧艰险给犀牛拍照的探险家瓦特维尔，有痴迷探险、乔装环游世界的珍妮·巴瑞特，还有力克万难去西天求取真经的唐代高僧玄奘……

　　《环球探险故事》视角独特，故事精彩多样，没有从大众熟知的探险故事讲起，而是甄选了35位探险家，讲述他们在不同区域探险的故事。在横向空间上，有海地穿越、森林冒险、沙漠求生、南极探险；在纵向空间上，有飞越太空、潜入深海、登顶珠峰；在斜向空间上，有遭遇雪崩、流沙……这本书几乎囊括了所有探险区域，可谓是一部少年版的"探险百科全书"。

　　相信孩子们在阅读《环球探险故事》后，心中会燃起探索世界的梦想，而不是闷在家里，与手机、游戏机对话。他们会在探险家探险精神的激励下，怀着对生命的热爱和对自然的敬畏，不忘过去，不惧将来，探索、发现世界之妙，挑战自我，成就更好的人生。

中国探险协会主席
韩勃

CONTENTS
目录

VIVIENNE DE WATTEVILLE

→ 犀角逃生

维维恩·德·瓦特维尔

1928年—1929年

在肯尼亚的腹地，勇敢的探险家维维恩正在无边无际的丛林中前行着。她已经走了好几天了，汗水从她的额头上一滴滴地淌下来。

维维恩抬头望向茂密的丛林，巨大的树冠遮天蔽日，仿佛巨型蜘蛛结成的网，她被困其中，不知道什么时候才能见到阳光。

维维恩和她的助手们正在进行一场惊心动魄的探险，他们要去人迹罕至的地方拍摄野生动物，其中一处地点就是雄伟的肯尼亚山。如果她没猜错的话，这座山就在丛林后面。

肯尼亚山中的基里尼亚加峰为肯尼亚共和国第一高峰及非洲第二高峰，海拔仅次于乞力马扎罗山。肯尼亚山位于肯尼亚中部、赤道以南约16.5千米处。肯尼亚的国名即来源于肯尼亚山。

她深吸了一口气，带领大家继续往前走。

终于，透过树丛能隐约看到一处山脊，维维恩不顾一切地迎着阳光顺着藤蔓向

高处爬着。她跌跌撞撞地来
到一片光秃秃的山地上，面
前是一座宏伟的山头，那正
是肯尼亚山。

接下来的路蜿蜒而泥
泞，维维恩一边前行一边紧
紧盯着地面，搜寻着狮子和
豹子的爪印。就在这时，一
块灰色巨石挡住了她的去
路，她差点儿被绊倒。

这时，一阵呼噜声
飘进她的耳朵！灰色巨
石竟然动了起来，而
且慢慢隆起，发出
一声可怕的鼻息。
原来这是一头被吵
醒的犀牛！维维
恩转身就跑——
她知道，如果
犀牛向她冲过
来，那将是非
常可怕的一件
事。幸运的
是，这头受

惊的犀牛竟然朝反方向狂奔而去，地面随着它的奔跑不断震动着。

维维恩心跳加速。她知道，待在野外是件很危险的事情，遇到危险没人能救她，甚至没有人知道她在哪里！从现在起，她必须格外小心。

一个又一个小时过去了，维维恩和她的队伍沿着陡峭的斜坡向肯尼亚山山顶继续前行着。在她面前，两团乌云越来越大，已经蔓延到半山腰，仿佛守卫着通往山顶的路。下面的丛林看上去就好像一块翠绿色的地毯，蓝色蝴蝶翩翩起舞，就像绽放的花儿飞上了天空。

离山顶不远了……

忽然，有什么东西引起了维维恩的注意。它很大，而且在动，是犀牛！还是两头！维维恩顾不上危险，她有工作要做！她抓起相机，朝着犀牛移动的方向飞奔。嘶吼的风声足以掩盖她的脚步声，而且犀牛的视力很差，应该很难发现她。她必须抓住这个绝佳的摄影机会！

维维恩大胆地靠近犀牛，近到几乎可以摸到它那皱巴巴的皮肤。她悄悄地举起相机，把镜头对准犀牛，按下快门，咔嚓一声！犀牛的耳朵转动了一下，它转过身来，巨大的犀角正对着维维恩，气势十足。犀牛警觉地嗅了嗅地面，向维维恩的方向迈了一步。咔嚓！她又趁机拍了一张照片。然而，她小心翼翼地放下相机时，却注意到犀牛的尾巴卷了起来，这是犀牛即将发动攻击的征兆。身体的本能告诉维维恩应该赶紧逃跑，但此时的她完全沉迷于和这头古老而壮美的动物的亲密接触中，以至于失去了理智。她不由自主地拿起相机又拍了一张……

砰！队伍里有人朝天鸣了一枪，把犀牛吓了一跳，也唤醒了维维恩的神志，她吓得转身就逃。隆隆声和愤怒的吼叫声从她身后不断传来，她回头一看，两头大犀牛正以惊人的速度追了上来。维维恩吓坏了，只能拼命地往前跑，她的心脏剧烈地跳动着，肺也如同要炸了一般发疼。

一处矮矮的山崖闯入维维恩的视线，她来不及多想，竭尽全力地从山崖上跳了下去。她知道，犀牛绝不会冒险冲下来。

万幸，维维恩落在了山崖下凸出的岩石上，而两头犀牛果然没有跟着下来。她死里逃生了！随后，队伍里的其他人爬上岩石和维维恩会合了。

维维恩激动地向她的助手们宣布："这是我拍过的最好的照片！"

她开心地笑着，其他人也互相拥抱着，为她的幸运逃脱而欢呼。毫无疑问，这将是世界上最伟大的犀牛照片！

维维恩打开相机准备检查胶卷，却猛然怔住了。她之前没有意识到，相机的胶卷居然已经用完了。也就是说，她刚刚根本没有拍到犀牛的照片！她呆呆地坐在地上，巨大的挫败感侵袭了她。

片刻之后，她抬起头来，看到大家都在兴奋地讲述着今天发生的一切。她突然明白，不管有没有照片，与伙伴们共同历险的记忆都将一生铭刻于心。

维维恩放下相机，加入了伙伴们的谈笑中。他们围坐在一起，一边从半山腰远眺丛林，一边听着山崖上方那两头愤怒的犀牛跺脚的声音。

这一刻要比任何照片都重要，不是吗？

WILFRED THESIGER
→ 致命的流沙

威尔弗雷德·西西格
1946年—1948年

探险家威尔弗雷德·西西格的前方是空旷辽阔的阿拉伯沙漠。一望无尽的沙海被呼啸的风吹起了阵阵涟漪，沙丘仿佛活了似的，如同一条闪闪发光的巨蟒，爬行在空旷的沙漠之中。

狂风让威尔弗雷德睁不开眼睛，他感觉自己像是走进了夹着冰雹的龙卷风里，只能低头继续朝前走着。他们一行六人在没过脚踝的沙地里艰难跋涉，还拽着两只疲惫的骆驼。骆驼的背上驮着大家的水和其他物资。威尔弗雷德深知，如果此时和队伍走散，他就休想再找到出去的路。

威尔弗雷德和他的伙伴们正在沙漠里寻找令人闻风丧胆的乌姆萨米姆流沙，威尔弗雷德想成为第一个看到致命流沙

阿拉伯沙漠是位于非洲东北部的大沙漠，面积达233万平方千米，为世界第二大沙漠。

的欧洲人，并且打算从流沙中穿过去。然而黑夜即将来临，气温降得厉害，大家都累了。于是，他们找了个栖身之处，把骆驼拴好，生起了火并往火里添了些木柴，准备过夜。

黎明时分，在当地导游史泰云的带领下，威尔弗雷德和他的队伍继续前行。他们只走了几个小时，却感觉像是过了好几天。突然，史泰云停了下来，勾勾手指示意威尔弗雷德也停下。因为前面就是流沙地带！

只见前方的地面上铺满白色水泥状的粉末。这就是传说中的流沙吗？可是看起来也没什么特别的，只有一两棵枯树，毫无生机地竖在威尔弗雷德的面前。

威尔弗雷德刚向前迈了一步，史泰云就抓住他的手臂，把他拉了回来。

"别靠近，危险！"史泰云喊道。他给威尔弗雷德讲起曾经有数十人陷进流沙丧生的传闻，他甚至还亲眼看到一群山羊被流沙吞没，瞬间就消失得无影无踪。

然而，威尔弗雷德并没有被史泰云的这些话吓倒，因为他是一名探险家！只要是令人振奋的新冒险，他都会去尝试，无论多么危险，他都不会退缩。

在长达3个小时的路途中，一行人在硬邦邦的地面上艰难地一点一点往前移动。虽然每挪动一步，威尔弗雷德都感到无比吃力，但探险途中所带来的刺激和喜悦，却让他甘之如饴。

冷汗从大家的额头上冒出来，脚下的地面像是用冰做的，骆驼走在上面直打滑。他们只能尽力拉紧骆驼，因为这些大家伙一旦不小心滑倒，十有八九会摔断

腿，那可就糟了。

尽管大家已经非常小心，但没过多久，危险还是突然降临了。两只骆驼猝不及防地陷进了沙土里，厚重的沙浆顷刻间淹没了它们的腿。是流沙！威尔弗雷德和伙伴们冲着骆驼大声吆喝着，用尽全力拉着它们朝前走，一刻都不敢停下，一旦停下，骆驼就会陷入流沙里，再无可能被拉上来。这下，每个人都感受到了乌姆萨米姆流沙的恐怖之处，他们还能冲出去吗？

威尔弗雷德明白，此时已然无法回头，只有继续前进，才有可能抵达安全的地方。太阳炙烤着这位探险家和他勇敢的队伍。伙伴们拽着骆驼，相互搀扶着，以无比强大的信念和勇气，尝试穿越这片魔鬼地带。

终于，威尔弗雷德的一只脚好像踩在了一块硬东西上，紧接着，另一只脚也落在了坚实的地面上。没错！他们已经安全了。威尔弗雷德简直不敢相信，自己成功了！看来传说是真的，他们差点儿就被流沙吞没了，就像史泰云提到的那群山羊一样。多亏了伙伴们和骆驼的帮助，威尔弗雷德成为第一个看到致命流沙的欧洲人。只不过，他也许再也不想看到它了。

威尔弗雷德总算松了一口气。即便他们有先进的装备和丰富的知识，但大自然还是比人类强大太多。也许威尔弗雷德永远无法征服这片神秘的沙漠，但只要理解并尊重它，那他就能在探险的旅途中获得力量，并且活下来。

BEN ABRUZZO, LARRY NEWMAN & MAXIE ANDERSON

→ 飞越大西洋

本·阿布鲁佐、拉里·纽曼和马克西·安德森
1978年

深夜，在大西洋沿岸的某个地方，三名飞行员并肩而立，凝视着他们头顶上巨大的氦气球，他们分别是本·阿布鲁佐、拉里·纽曼和马克西·安德森。这艘名为"双鹰II号"的氦气球的直径有20多米，它将载着三人向东飞行，穿过整个大西洋后抵达欧洲。

他们要挑战的目标是乘坐气球飞行大约5 000千米。但这项挑战的难度特别大，因为有许多未知的危险，比如说，如果风向突然逆转，那他们可能就会被吹到非洲去，然后迫降在一只非洲雄狮的身旁！

一个多世纪以来，勇敢的探险家们一直尝试完成这项挑战，但从未成功过，很多优秀的探险家因此而丧命。本、拉里和马克西心里都明白，这次他们必须成功。这个夜晚，他们将开始人类历史上最危险、最激动人心的冒险旅程！

> 大西洋的面积占地球表面积的近20%，呈"S"形，以赤道为界被划分成北大西洋和南大西洋。

三名飞行员相继爬到系在气球下的吊舱里，地面人员解开了坠着"双鹰II号"的重物上的绳子。气球飘然升起，飞向夜空。本、拉里和马克西在吊舱里向下面的人群挥手告别。

麻烦很快就来了。一股暖气流袭来，"双鹰II号"突然开始急速下降。三个人紧紧抓住吊舱，他们的心脏怦怦直跳，眼睛瞪得老大。这一切发生得太快，他们简直不敢相信。一点儿，一点儿，一点儿……气球在黑夜里往下沉。城市的灯火在他们脚下越来越亮，越来越近。

正当拉里用无线电向地面小组发出紧急救援信号的时候，气球下降的速度却慢了下来，

气球在半空停住了。随后，气球开始上
升，越飞越高。太棒了！

没有了气流的干扰，他们在大西洋
的晴空中平缓飞行着。本时不时地把他
的手帕放在吊舱边，以此来测量风速，
手帕几乎纹丝不动。但他知道，他们不
能被这暂时安静平和的景象所蒙蔽，因为
稍有不慎，情况就会变得很糟。

第二天清晨，马克西坐在吊舱边上修
理着导航设备，吊舱倾斜得令人害怕。起
风了，这感觉像极了暴风雨前的平静。

气球越飞越高，飞到了4 000多米的高
空，高得令人头晕目眩。空气变得越来越
稀薄，呼吸也变得困难。三名飞行员第一次
在旅途中戴上了氧气面罩。天气冷得刺骨，
他们穿着棉夹克，戴着厚厚的手套和毛皮帽
子，紧紧地挤在一起，这让他们看起来更像是
在攀登珠穆朗玛峰！是的，飞行中总要面对这
样的极端天气。

这对他们很不利。一会儿的工夫，棉花
般的云朵就变成了乌云，其中还夹杂着电闪雷
鸣。飞行员们做了一个大胆的决定——去更高
的地方，躲避即将来临的暴风雨。因为"双鹰
Ⅱ号"一旦被卷入暴风雨，天晓得他们会被吹
去哪里。马克西深知，在没有引擎的情况下，

他们飞行的速度永远也比不过狂风暴雨的速度。下定决心后，他们从吊舱的一侧抛下了许多重物，气球开始向6 400米的高空飞升。

气球升得越来越高，天气也变得越来越冷了，这种冷简直让人骨头发疼。他们虽然勉强能克服恶劣的天气，但并没有因此而逃脱危险。融化的冰从气球上不断滑落，像雨点儿一样拍打着他们的吊舱，如果吊舱因此负重，他们还是会被卷进暴风雨！但这个时候，除了祈祷，什么办法也没有。

好在他们运气不错，经过几个小时紧张的等待，暴风雨消散了。他们转危为安，在空中又迎来了新的一天。

连续飞行了三天后，飞行员们发现，距离实现梦想只剩不到100千米了。天气会一直这么平静吗？没有人敢保证。当"双鹰Ⅱ号"飘到了爱尔兰海岸上方时，正赶上一股冷空气，气球从7 300米垂直下降到了1 200米。如果气球再往下降，他们就会坠入大海。大家都清楚，此刻想要保持气球平稳，唯一的方法就是减重。可是，现在吊舱里已经没有多余的重物了！

　　他们环视一圈后，最终把目光锁定在吊舱里的救援物资上。虽然这样做很疯狂，但他们决定孤注一掷。三人将救援物资推出舱体，减轻重量后，"双鹰II号"终于重新平稳飘浮着继续向前。

　　几个小时过后，已经是深夜时刻，本、拉里和马克西突然接到了一个无线电话。"恭喜你们，"电话那头的**声音**听起来非常激动，"你们做到了历史上没人能做到的事。你们挑战成功了！"

　　三人愣了半天才反应过来，然后欢呼雀跃着围在一起庆祝。这段不可思议的探险旅程，不仅考验了他们在面对极端天气和未知困境时的意志力，也使得许多人被他们的探险精神所鼓舞。

　　尽管挑战很艰巨，但本、拉里和马克西还是尝试了不可能的事，而且成功了。也只有尝试，他们才会知道，自己究竟能不能做到。

ISABELLE EBERHARDT
→ 秘密穿越北非

伊莎贝尔·埃伯哈特
1899年

伊 莎贝尔·埃伯哈特是位来自瑞士的探险家。她身材高大、目光坚毅，正满怀信心地凝视着眼前的撒哈拉沙漠。

伊莎贝尔最喜欢的事情莫过于独自躺在野外的星空下冥想，或是去探索新的地方，接触新事物和陌生人。但在19世纪，女性是不被允许做这些事情的，更别说是独自穿越北非这样惊世骇俗的行为。于是伊莎贝尔想到一个办法——打扮成男人。

撒哈拉沙漠是世界上面积最大的沙漠，位于非洲的北部，气候条件非常恶劣，是地球上最不适合生物生存的地方之一。

伊莎贝尔一路朝西前行，在进入"本·齐格"古道前停下来开始搭建帐篷，准备在此过夜。这里曾是游牧民族穿越峡谷的必经之路。

天还没亮，伊莎贝尔就醒了，她给马儿套好缰绳，准备踏上征程。伊莎贝尔明白，在白天穿越"本·齐格"古道要比晚上安全许多。太阳升起了，她顶着烈日，小心翼翼地骑马沿着峡谷中那条崎岖的小路走着。一边，褐色的悬崖高耸着曼延进峡谷深处，投下长长的阴影；另一边，一条山脉从地底下冒出来，上面凹凸不平的岩石就像鳄鱼锋利可怕的牙齿。

伊莎贝尔很想逃离这个被太阳炙烤着的鬼地方，她无法想象，有什么生物能在这样气候恶劣的峡谷里生存下来。水剩不多了，她渴得厉害，汗水从她的头上一滴一滴地淌下。她必须尽快找到水源。

终于，又到了傍晚，伊莎贝尔身处的这个炽热的熔炉，迎来了薄雾朦胧的黄昏。夜幕将至，伊莎贝尔在一阵凉爽的晚风中睡着了。

第二天，她像往常一样在黎明前醒来。展现在她面前的，除了几块巨大的岩石和满地尘

土外，就只剩下无边无际的沙海。要怎样才能在这么干燥的地方找到水源呢？她一边思索着，一边迷迷糊糊地收拾着行装。

突然间，岩石消失了，它们仿佛陷入了流沙之中。伊莎贝尔的眼前只剩下一片沙海，那些沙丘宛若巨大的海浪。她感到一阵头晕目眩，恍惚中，地平线上似乎浮现出一处模糊的、闪闪发光的地方，很像是一片湖泊。是水！伊莎贝尔激动极了，她一边想象着把脚伸进冰凉湖水里的美妙感觉，一边催马赶了过去。但是，当伊莎贝尔走近时，她才发现自己被骗了，

那只是几个可怜的泥坑。怎么会这样呢？
其实，这是海市蜃楼现象，这种自然现象在沙漠里经常发生。

伊莎贝尔脱水严重，她的眼睛就像沙漠一样干涸，但此时此刻，除了继续前进，并没有其他办法。

既然这里有泥坑，那很有可能在它附近就能找到水源。抱着这样的信念，伊莎贝尔一边艰难前行，一边用渴望的眼神扫视着地平线，终于，她的目光停在了一片绿色上。下一秒，她的马儿已经朝那个方向狂奔而去。这次，直到听到马蹄踩进水里发出水花四溅的声音后，伊莎贝尔才敢相信这是真的。一条浅浅的小溪从她身边流淌而过，她从来没有见过这样清澈的溪水。她看到翠绿的蜥蜴在岩石间穿梭，鲜红的花朵在草丛里怒放。是水给了万物生命。望着眼前的这一切，伊莎贝尔的内心满是激动和欢喜。

今晚，她不会再渴了。今晚，她会在这个天堂似的小角落里安然入睡，享受大自然最好的馈赠。

ALDO KANE

→ 爬进活火山

阿尔多·凯恩

2017年

在非洲中心地带，树丛遮掩的刚果丛林里，矗立着尼拉贡戈火山，它是地球上最危险的活火山之一。此时，探险家阿尔多·凯恩就站在火山口，俯视着下面咕嘟咕嘟冒着气泡的岩浆。他能看到、听到甚至闻到尼拉贡戈火山的活跃气息，它就像一条被关在地底下的暴龙，扑打着、咆哮着，从嘴里吐着火和烟。

此次阿尔多的工作是带领一队科学家前往火山口附近收集熔岩样本，以此来测算下次火山喷发的时间。上次火山喷发时，炽热的岩浆瞬间淹没了山脚下的一个村子。虽然近二十年来，它一直沉寂着，没有任何喷发的迹象，但住在火山脚下的人们仍然提心吊胆，他们迫切希望科学家能找到有用的线索，尽快建立预警系统。

位于非洲中东部的尼拉贡戈火山海拔3 470米。火山口最大直径2 000米，深约250米，里面有一个熔岩湖。

阿尔多的第一个任务，是把科学家们从火山口带到火山内的第一个岩架上，他们要在那里安营扎寨。阿尔多先帮其中一名科学家把绳索牢牢固定好，然后两人升始往火山深处卜降。他们感觉身侧的岩壁随时都会崩塌，这个地方根本没有什么是牢固的。

"小心石头！"风里飘来不知是谁的喊声。

嗖！轰隆！大块大块的火山岩擦着他们的脑袋落下来。阿尔多惊出一身冷汗，这可真是一项危险的工作。

几个小时过去了，阿尔多小心翼翼地把科学家们带到岩架上。从他们的营地就可以直接望到火山口。那天晚上，他们就在这个或许是地球上最危险的地方睡着了。

第二天早上，阿尔多召集了所有人，向他们一一叮嘱即将要面临的危险。天气变化对他们来说是最大的问题。如此高的海拔，眨眼间天气就可能发生变化。在科学家们到达的前一天，阿尔多在火山口准备绳索的时候，就遇上了一场冰雹。尽管他紧紧地贴住岩石，但还是被冰雹砸了好多下。这座火山似乎要毁灭任何一个胆敢窥探它秘密的人。

工作开始了，他们小心翼翼地往最低的岩架前行，打算一直走到岩浆边缘。这时，阿尔多示意大家停下，由他先过去探路。他沿着锯齿状的斜坡往下走，那里的岩壁在一次滑坡中崩塌了。越来越近，他离岩浆只有短短的150米了。灼浪相互交叠，沸腾的岩浆中升起气泡，然后气泡突然崩裂开，四散出红色和黑色的岩块。

离岩浆只有100米了。为了防止吸入岩浆里散发出的有毒气体，阿尔多不得不戴上防毒面

具。此时此刻，他身体内的每一根神经都在不断地提醒他，不能再待在这儿了，否则会有性命之忧。他拿出手机，打开视频录制，对着镜头说："毫无疑问，这是我做过的最危险的事情之一。我的嘴巴很干，并且心跳加速。我真的害怕死了！"

录完视频，阿尔多立即原路返回，把下面的情况告诉了科学家们。大家决定，既然连有多年探险经验的阿尔多都感到害怕，那看来是真的无法再继续前行了。

他们并不是无计可施，也许可以用其他方法来收集熔岩样本……几个月前，阿尔多亲眼看到，火山内的岩浆从一个新的喷火口喷上了50多米的高空，喷出来的岩浆沿着岩架流淌了许久。虽然现在已经沉寂了，但对科学家们来说，那个地方喷出的岩浆就是很棒的样本，而且还是几个月前的新鲜的岩浆。

阿尔多率先前往那个喷火口，他一边走一边检查着前方的岩石是否冷却，然后不断叮嘱着大家要小心谨慎。还好，这里看起来一切正常。他们立刻开始工作。火山喷发是随时会发生的，如果现在喷发，1000多摄氏度的高温岩浆就会像雨点儿似的砸在他们身上，那他们可就成了这座火山的腹中之物了。科学家们快速地采集着他们所需的样本，最终，每个人都带了满满一袋样本回了营地。

多亏了阿尔多，科学家们才能完成这次任务。他们已经收集到了需要的样本，现在只要研究这些样本和相关数据，就能测算出尼拉贡戈火山下次喷发的时间。而对于阿尔多来说，这次的工作虽然极其危险，但是很值得，因为自己提供的这些帮助，会在未来挽救很多很多人的生命。

ERNEST SHACKLETON
→ 冰封的南极

厄内斯特·沙克尔顿
1915年

在南极海岸附近，极地探险家厄内斯特·沙克尔顿所乘坐的"坚韧号"轮船不幸被困在了冰山里。在此之前，"坚韧号"已经在威德尔海域艰难地航行了1500多千米，可惜最终还是陷入冰中，整艘船动弹不得，更别说安全靠岸了。没有办法，厄内斯特只能带着队员们下船去探路，他们已经走了很远，完全不知道前面还有什么危险在等着他们……

厄内斯特将此次旅程命名为"帝国跨南极远征"，他希望完成一件从未有人做过的事情——从西向东横穿南极。南极地处偏远，以凶险的海洋、未开发的山脉和极寒的天气闻名于世。但厄内斯特是一个非常勇敢的探险家，他决心带领他的团队完成这项不可能的挑战。

回到船上，厄内斯特站在"坚韧号"的甲板上眺望着地平线。刺骨的寒风吹痛了他的脸。他知道，要摆脱困境，只能靠他们自己。因为离他们最近的人类居住地远在2000千米以外。厄内斯特作为探险队的领队，必须把所有队员带到安全的地方，即使是在最残酷、最艰难的条件下，他也依然会这么做。

威德尔海位于南极半岛和科茨地之间，面积约280万平方千米，平均深约4500米至4700米，是南极洲最大的边缘海。

往后的几周里，队员们日夜奋战。他们跳下船，用铲子不断地撬着船周围厚厚的坚冰，想为"坚韧号"开辟出一条路，让它重新行驶到安全的海域里。虽然队员们又累又冷，但没有人停下来。随着季节变化，南极进入冬季，但他们的船依然没能破冰而出。厄内斯特不得不承认，他们完全被困住了。这样一来，他们只能在船上过冬，等到春天冰雪消融的时候再继续航行。

被困期间，厄内斯特也丝毫没有浪费时间，他一边等待春天，一边和队员们做着充分的过冬准备。他下令分发冬衣，并且派出队员们穿越冰面去狩猎。队员们捕获了许多海豹，这样就有足够的食物储备了。

某天晚上，厄内斯特看着太阳从地平线上渐渐落下，最后彻底消失。他知道，南极漫长的冬夜开始了，要到春天才能再次看见太阳。这一刻，厄内斯特和他的队员们被冰雪和黑暗彻底困住了。

9个月后的一天早上，奇怪的声音把大家吵醒了。砰，砰……可怕的声音不断传来。大家赶紧去查看，原来是一座漂浮的冰山在撞击着"坚韧号"！船上仿佛有1 000头大象在踩踏，用不了多久，甲板在巨大压力下逐渐扭曲，船体就会被撕裂成两半。可怜的"坚韧号"如同一头哀号的巨兽。

厄内斯特明白，此刻他们唯一的选择，就是丢下船去冰上扎营。

月光下，队员们在"坚韧号"一侧拉起了一张巨大的帆布。救生艇被沿着帆布放下去，补给品被递到了冰面上，连幸存的毛茸茸的哈士奇犬也被轻轻地沿着帆布滑下去。

一阵轰鸣声传来，巨大的"坚韧号"开始断裂。拇指大小的金属螺栓在各个方向噼啪作响。木制的船身像是发生地震似的摇摇晃晃。他们必须要快！

大家接力将最后一批补给品传递到冰面上，接着，他们纵身一跃，从摇摇欲坠的大船上跳下来，然后难过地看着它逐渐沉没。现在他们唯一能做的事，就是徒步前往附近的一个小岛，在那里他们可能会获救。

　　前方的道路仍然充满危险和未知，但厄内斯特相信，不管事情看起来有多糟，总会有出路的。在他的带领下，队员们都安然无恙，这已经是不幸中的万幸了。

JOHN BLASHFORD-SNELL

→ 航行在青尼罗河上

约翰·布拉斯福德·斯奈尔
1968年

约翰·布拉斯福德·斯奈尔是一名退役的英国陆军上尉。这天，他接受了一项重要的委托：埃塞俄比亚的国王在召集勇士前往青尼罗河下游探险，由约翰带队。人们对青尼罗河知之甚少，只知道这条河到处是危险的急流，巨大的鳄鱼，好斗的河马，以及神出鬼没的土匪。但是，没有什么困难能阻止约翰和他的队伍前去探险的决心。

———

青尼罗河发源于埃塞俄比亚，流经苏丹，最终在喀土穆与白尼罗河汇流成尼罗河主流，全长约1600千米。

———

勇敢的探险者们带着他们所需的装备物资，乘坐木筏顺流而下。河流两岸耸立着的古老山脉，让约翰感觉自己渺小得就像一只蚂蚁。那些可怕的传说让每个人都有点儿紧张，只有约翰坚信，自己一定会带领大家征服青尼罗河。

最开始的30千米，一切看起来都风平浪静。但这种好运并没有持续多久，前方的峡谷像是慢慢合拢的手掌，把约翰一行人紧紧地攥在手里。河道开始变窄，浪花急促地拍打着礁石。探险者们感觉自己像是骑在一条脾气暴躁的水蛇身上，木筏沿着峡谷里的弯道快速往下冲着，他们紧紧地抓着木筏不敢放手，直到河水突然变得平缓，大家才长舒了一口气。

但约翰意识到，马上会有更糟的事情发生，因为从远处传来了低沉的隆隆声，他们的木筏离声音越来越近。当隆隆声变成咆哮的轰鸣声时，所有人都反应过来，前方就是可怕的提西萨特瀑布！如果他们的木筏不小心被卷进漩涡，就会从40多米高的瀑布上直接掉下去！

大团大团的水雾喷薄而出，像一只暴怒的野兽在吐着烟。巨大的轰鸣声中大家听不清彼

此的声音，只能小心翼翼地划着木筏绕过瀑布。除此之外，别无他法。

好在有惊无险，他们继续向前。漂流途中的生活很难，得面对酷热天气、缺衣少食和体形庞大的鳄鱼等。对他们来说，时刻做好准备才是最重要的。但这些都不是最可怕的，有一天，约翰和他的队伍在河边休息时，一伙土匪袭击了他们。原来那些传说都是真的。约翰一行人被40多个土匪俘虏了。

这时，不知道从哪儿来了一位警察。他似乎和这些土匪很熟，劝他们不要伤害探险者们。警察离开前，悄悄地对约翰说："等天快亮的时候，趁所有土匪都睡着了，你们就跳上木筏，顺着河水赶紧逃……"警察的出现给了约翰一线生机，直到凌晨之前，他一直在偷偷制订逃跑计划。

第二天凌晨，在夜幕的掩护下，约翰带着队员们偷偷溜上了木筏，开始逃亡。但那伙土匪可不是傻瓜，他们很快就发现探险者们逃走了，于是沿着河岸迅速展开了"抓捕"。

中午时分，土匪们在一个狭窄的峡谷里追上了约翰他们。为了不再次被抓，约翰和队员们不得不拼命向前划，艰难躲避着土匪一伙人向他们扔过来的石头。划着木筏逃了一整天，疲惫不堪的探险者们终于在河中间找到一个安全的小岛，这才停下来喘口气。又累又饿的一行人怀着沮丧害怕的心情搭起帐篷过夜，很快便鼾声四起，沉沉入睡。然而让约翰万万没想到的是，凌晨时分，他们又被另一伙装备精良的土匪袭击了！于是他们不得不趁着夜色继续逃跑，这个时候，大家已经顾不得前方有急流或者其他危险了，为了能活下去，他们只能无畏地向前！

最终，他们死里逃生，跌跌撞撞地踏上一片土地，而迎接他们的是一群蜂拥而来的记者——因为约翰和他的队伍已然创造了历史！

在后来的采访中，其中一位探险者把青尼罗河形容成"地球上最后一个未被征服的炼狱"，对此约翰深有同感，但对于他而言，探索世界上那些未被触及的角落更是一种莫大的光荣。

RON GARAN
→ 返回地球

罗恩·加兰
2011年

在 地球的上空，一艘宇宙飞船正在静静地沿轨道运行。这艘宇宙飞船又叫"国际空间站"。来自美国宇航局的罗恩·加兰是空间站的宇航员之一，6个月里，罗恩在空间站生活、工作，并和其他国家的宇航员分享科研成果。

望着空间站里的一切，罗恩深吸了一口气。既难过又兴奋的情绪涌上心头，因为他要开始一次伟大的旅行，离开国际空间站，乘坐"联盟号"太空舱返回地球。但在离开之前，他还有一件重要的事情要做……

空间站环绕地球运行的速度很快，以至于罗恩每天可以看到16次日出和16次日落。那是罗恩见过的最美丽的风景，他想在返回地球之前再看一眼。

罗恩紧紧抓住太空舱的内壁，顺着迷宫般曲折的走廊，绕过机组仪器、研究室和设备间，飘浮到空间站里他最喜欢的地方，在那里，他的心好像飞了起来。

那是一个叫作"穹顶"的窗口，从窗口可以俯瞰他的故乡。他眺望着"穹顶"外约385千米处的蓝色海洋，海里似乎散布着很多小岛，像是闪闪发光的宝石被撒到水里一样。罗恩笑了，他凝视着地球，当地球的一边被阴影覆盖时，城市的灯光就像火山喷出的火球一样闪耀着；而另一边则被太阳照亮。这就是地球，看起来既脆弱又壮观。

罗恩深吸了一口气。是时候踏上颠簸的旅程，进入无边无际的漆黑太空中了。他看了最后一眼，把目光从"穹顶"上移开，往上飘浮到了空间站的另一边，"联盟号"太空舱正在那里等着他。

罗恩知道，"联盟号"一定会把他平安地送回地球。他穿好航天服，和朋友们道别，然后钻进了小小的太空舱。

两名俄罗斯的宇航员会和罗恩一起回去，三人挤在"联盟号"里，顿时空间显得更小了。罗恩想起了他的家乡，用不了多久，他就会回到地球了，这让他觉得很不可思议。这时，罗恩的无线电通信设备响了起来，指挥官通知他一切准备就绪。罗恩小心翼翼地启动太空舱，让它脱离空间站。漫长的旅程开始了。

　　起初一切很平静。但对罗恩来说，这感觉就像暴风雨来临前的平静。"联盟号"平稳地绕地球转了两圈，然后当他们经过南美洲最南边时，罗恩开始紧张起来，他知道接下来会发生什么，他需要提前做好准备……

　　嘣！在引擎的轰鸣声中，"联盟号"进入了地球的大气层。火焰从窗口闪过，太空舱发出噼里啪啦的响声，好像随时都会裂开。罗恩紧紧闭上眼睛，屏住呼吸。"联盟号"开始冲向地面，罗恩感觉自己的头被钉在座位上，他就像在乘坐一趟没有终点的过山车。

"联盟号"成功返航了！罗恩又能正常呼吸了。太空舱飘浮着慢慢降落，地面上的山脉越来越近，随着一声巨响，太空舱降落在坚硬的地面上。

罗恩全身的骨头都在咯吱作响，胃也在剧烈地翻腾。一团一团的尘土在太空舱周围不断升起，遮天盖地。

当一切平静后，罗恩从太空舱的小圆窗向外看。当他看到石头、花和叶子的时候，他高兴极了。"联盟号"并没有降落在美国，但这不重要，此时此刻，罗恩的家已不仅仅是他和家人所居住的美国小镇了，对宇航员来说，家意味着地球。

100年前，没有人相信，人类能飞上太空。这段不可思议的经历让罗恩坚信，每个人都有能力去改变世界。他经常说，如果人们同心协力，就像建造国际空间站的16个国家一样共同努力，那么一切皆有可能。

BESSIE COLEMAN
→ 天空女王

贝西·科尔曼
1922年

在 距离地面1000米的地方，一位杰出的女士正坐在一架飞机的驾驶舱里。她叫贝西·科尔曼，是世界上最好的特技飞行员之一。

尽管距离地面如此遥远，但贝西仿佛依然能听到下面观众的呼喊声。他们紧张地等待着贝西表演最惊险的"死亡之跃"。贝西以前从来没有尝试过这项特技，但她不想让充满期待的观众失望。她深吸了一口气，然后猛地朝下一跃，开始迅速向地面坠落……

贝西·科尔曼仿佛是为飞翔而生的，特技飞行就是她的全部梦想，她为此努力奋斗许久才有了今天的成就。20世纪初的美国，因为贝西既是女性又是黑人，所以她申请的每一所航空学校都拒绝了她。贝西只得攒钱去法国学习特技飞行。当贝西完成学业回到家乡时，她拥有了和其他飞行员一样令人惊叹的技能。尽管飞行员中大部分是男性白人，但贝西除了性别、肤色和他们不同以外，其他方面都不逊于任何人。

每次飞行表演的时候，特技飞行员们都会将自己的飞行速度提到最快，他们在人山人海的观众面前表演着疯狂的特技。在20世纪初，贝西他们驾驶的那种轻型飞机是由木头、布料、金属丝、压制纸板和铁固定而成的，发动机不太灵敏，经常熄火。如果飞行员们不能及时重启发动机的话，飞机就会掉下去。人们曾把驾驶那种飞机的感觉形容为"坐在汹涌大海里的软木塞上"。而贝西觉得，那种感觉更像是乘坐一头愤怒发狂的大象！

此次的飞行表演内容十分扣人心弦。一个女飞行员要表演从一架飞机的机翼跳到另一架飞机的机翼上；然后一个被称为"勇敢的欧文"的男飞行员要表演用牙齿咬住机翼下的绳子把自己吊在空中；贝西则会表演令人毛骨悚然的驾驶飞机360度旋转、重复翻滚、"8"字形飞行和近地俯冲；节目的最后，将由莉莎·迪尔沃思表演"死亡之跃"跳伞特技，她是第一位黑人女伞兵。

这简直就是一个疯狂而又奇妙的空中马戏团！

表演开始了！贝西在观众的欢呼声中走了出来，她穿着一件军装式的燕尾服、一条鼓鼓的飞行裤、

一双到膝盖的长靴，系着一条宽大的皮腰带，戴着一顶飞行员帽和一副护目镜。她笑得合不拢嘴，这是她为表演精心准备的装扮。

首先，是"8"字形飞行。贝西抓紧操纵杆，将飞机推向空中。然后，在观众的屏息凝视中，在"8"字形飞行的最高点她关掉了发动机，随后飞机突然急速向地面坠落，仿佛要坠毁在人群中间一样。然而，在观众的尖叫声中，随着"嗖"的一声响，贝西驾驶着飞机又飞回了天空！随后，她又表演了危险的360度旋转特技和翻滚飞越特技，这些惊心动魄的特技表演让人们赞叹不已。最后，贝西驾驶着飞机缓缓绕过体育场，完美地着陆。

贝西爬出狭小的驾驶舱，把沾满油污的护目镜拉到飞行员帽上。现在该去找莉莎·迪尔沃思了，她将完成最后一项重要的表演——"死亡之跃"。可是，莉莎去哪儿了？再过几分钟，她就应该飞到空中，准备跳飞机了！但是此刻，没有人知道她在哪里。

贝西得快速做出一个决定。观众们都在等着，期待看到最后的表演。于是，思考片刻后，贝西拉着她的飞行员朋友大卫·贝纳克上了飞机。

"你来开飞机！"她朝大卫喊道。然后将驾驶权交给大卫，自己则跳上前座，准备好了降落伞。"我来跳！"话音刚落，贝西就一跃而下……

观众发出了惊恐的尖叫，因为那个无畏的飞行员在空中翻了一个跟头，她必死无疑了。就在千钧一发之时，贝西的降落伞"砰"的一声打开了，她像钟摆一样在空中摆来摆去。当贝西安全着陆时，人群爆发出欢呼声，大家用力鼓掌，因为他们看到了最完美最精彩的"死亡之跃"！贝西微笑着朝人群鞠了一躬，挥了挥手，然后回到了飞机机库。演出大获成功！

晚上，贝西坐在飞机上，回想着她所取得的成就。她——贝西·科尔曼从来不会对自己说"不"，现在她已经是美国飞行技术最娴熟的特技飞行员之一了，并且向世界证明了，无论是她的肤色或性别，都无法阻止她追逐梦想。

DON WALSH &
JACQUES PICCARD
→ 潜入深渊

唐·沃尔什和雅克·皮卡德
1960年

清晨，在太平洋的中央，两个勇敢的探险家正准备前往一个无人踏足的地方。这是第一次有人尝试去"挑战者的深渊"探险，那是目前地球上最深、最黑暗的地方——马里亚纳海沟。

马里亚纳海沟全长约2550千米，为弧形，最宽处约70千米。据估计这条海沟已形成6000万年。海沟最深处达11000多米，是已知的海洋最深处。

美国海军中尉唐·沃尔什和瑞士工程师雅克·皮卡德驾驶着"特里雅斯特号"正在待命。唐望着浩瀚的蓝色海水，那是一个连光都照不到的地方，他想知道那里住着什么奇怪而有趣的生物。呼吸着咸咸的空气，唐有些兴奋，他为进入那未知的世界已经做好准备。

"特里雅斯特号"将会载着他们去"挑战者的深渊"马里亚纳海沟。船在水里发出嘎吱嘎吱的声音，像一头饥饿的熊从肚子里发出的隆隆声。"特里雅斯特号"看起来像一艘潜水艇，但要比潜水艇短一些，它的底部还有个球形的小舱。

"特里雅斯特号"是雅克的父亲奥古斯特设计的。奥古斯特是一名著名的飞行员，1930年，他打破了驾驶热气球飞行的世界纪录。这一度让唐感到很不可思议，一个把大部分时间都花在热气球上的人，是如何设计出来一艘可以去往海底的船的？

很快，他们就得和其他船员挥手告别了，伟大的冒险要开始了。他们沿着梯子，爬到"特里雅斯特号"底部球形小舱的入口，然后爬过

一条通道，进入了小舱内。小舱内的空间真的很小，只能勉强容得下两个人，而在之后的几个小时里，这里就是他们的家。唐意识到，这可能和当宇航员差不多——如果出了什么问题，他们肯定得自己解决，就像宇航员在太空里那样。

唐和雅克给船加满了燃料，这样"特里雅斯特号"才能有足够的动力。接着，船载着他们开始往下沉。挑战开始了。

他们慢慢地陷入了未知世界之中。随着小窗外的灯光渐渐变暗，他们也下降得越来越深。每往下降一米，他们的船就会受到更大的压力。如果他们能到达海底的话，压力就会大到像有1600多头大象站在"特里雅斯特号"上那样，这太可怕了！

几个小时过去了，"特里雅斯特号"还在静静地下沉。唐和雅克从舷窗向外打量着，想看看在这个寒冷又与世隔绝的地方究竟有着怎样神秘的深海生物。舱外像有一场铺天盖地的暴风雪在肆虐，发光的小生物漂浮在他们周围。唐觉得"特里雅斯特号"就像飞驰在宇宙里的飞船一样，越过重重星系，散发着明亮的色彩。

这里住着许多奇怪的生物。鮟鱇鱼看起来像怪物，它们头顶闪闪发光，就像挂在竿子上的灯笼一样摇摇晃晃；加布林鲨鱼在漆黑的海水中游来游去，它们长着又长又扁的嘴和鼻子，干瘦的下巴和像钉子一样的牙齿；桶眼鱼让他们觉得更奇怪，它们的头是透明的，上面还长着大

大的、发光的绿色眼睛。

突然，一声巨响震动了他们的船，他们被吓得直冒冷汗，心脏剧烈地跳动着。他们检查了所有的仪器，但并没有发现什么问题，也不知道究竟是什么引起了那声巨响。经过商议，他们决定继续探险，因为离海底越来越近了。

终于，大约5个小时后，"特里雅斯特号"到达了海底。这是人类在地球上到达的已知的最低点。他们握着手，笑了笑，只说了一句话："我们做到了。"

他们又从舷窗去观察周围的海洋生物，但是"特里雅斯特号"搅起了海底的细沙，他们什么都看不清。

于是他们打开了船上的灯，灯光照向远处。

唐和雅克在世界最低点的昏暗的环境

中待了20多分钟，然后又开始了漫长的上浮之路。终于，"特里雅斯特号"渐渐浮出水面，唐和雅克拖着僵硬的双腿爬上了甲板。他们做到了别人不敢做的事，不但平安返回，而且还能把这个故事讲给别人听。

到今天为止，已经有12个人到过月球了，但只有很少的人去过"挑战者的深渊"马里亚纳海沟。唐和雅克的经历，将会激励更多的人前往探索未知的海底世界。

LOIS PRYCE
→ 伊朗探险之旅

洛伊丝·普赖斯
2013年

她叫洛伊丝·普赖斯，是一位来自英国的旅行家、冒险家。此刻，她正坐在她那结实的摩托上，她把需要的东西都装在袋子里，整齐地绑在后座上。

她的摩托在蜿蜒的小路上飞驰着，这条路将通往伊斯法罕，那是伊朗的一座大城市。她之前已经骑行几千千米，她正在探索着这个许多人不敢去的国度。

洛伊丝骑着摩托飞快地驶过油腻腻的汽车修理店和凌乱的建筑工地。交通规则在这条路上似乎完全不适用，每个人都在狂按喇叭，在车道上急转急停。她的视线里满是烟尘，只能依靠不停地眨眼睛来阻挡尘土。终于，洛伊丝看到了扎格罗斯山脉，那些灰紫色的岩石高高耸立着，看起来古老而神秘。

她穿过犹如绿色地毯的山谷，越过水波荡漾的河流，绕过

伊斯法罕是伊朗第三大城市，也是伊朗最古老的城市之一，建于公元前4世纪，为人们南北来往的必经之地，是著名的手工业与贸易中心。

扎格罗斯山脉是伊朗的第一大山脉，位于伊朗高原的西南部。

巨大的树。这些树的枝干像老人弯曲的手指，迎着风伸向远方。

太阳落山时，天空由蓝变灰。夜幕降临了，星星一闪一闪的，洛伊丝终于在山脚下发现了一个适合搭帐篷的地方。她在那里搭起帐篷歇息。

黎明时分，一阵奇怪的声音吵醒了她，那是许多只羊奔跑的声音。它们咩咩叫着，脖子上的铃铛叮当作响。

洛伊丝揉了揉睡眼，开始收拾她的小帐篷。想到又要在这荒郊野地里骑行一天，她不禁露出了开心的笑容。

她在山脚下待了一会儿之后，便动身前往亚兹德古城，那是一座夹在伊朗的盐沼和沙漠之间的古城。她的摩托车油箱溅出了汽油，但洛伊丝并不害怕——她现在已经驶入了主干道，肯定很快就会有加油站了。

亚兹德位于伊朗中部，是亚兹德省的省会。由于当地民众世代都在沙漠附近居住，他们都已适应了当地环境，并建造了当地独特的城市建筑。

但是，她在空旷的路上骑了几个小时，只看见了一辆老旧的卡车从她身边驶过。

就在夜幕降临的时候，她遇到了两个机械师。他们给了洛伊丝一些食物，作为回报，洛伊丝给了他们一些钱。洛伊丝骑得筋疲力尽，最后在一个小镇的旅馆前停了下来。

休息了两天之后，洛伊丝又骑上了摩托，准备继续前往亚兹德古城。旅馆里的一位女士朝她挥手告别，她提醒洛伊丝："千万小心，你独自上路的话很不安全！"

一丝恐惧悄悄地爬上洛伊丝的心头。仅仅走了3千米，她就注意到有一辆汽车一直跟在她

后面，离她那么近，几乎伸手就能摸到它。突然，汽车快速超过她，在她的摩托前急转弯，然后刹车，打算迫使洛伊丝停下来。

洛伊丝吓得急忙择路而逃。接下来的几千米，洛伊丝不断试图甩开后面的汽车逃跑，但那辆汽车一直在追着她。洛伊丝吓坏了。他们是强盗吗？他们想要干什么？当那辆汽车把洛伊丝的摩托从路面挤进泥沟后，洛伊丝不得不停下来，冲他们大喊，让他们不要过来。

然而事实并不如洛伊丝所想。几个男人走出汽车，朝她跑来，脸上洋溢着灿烂的笑容。洛伊丝能看得出他们很穷，但手里却拿着两袋水果。

"我们看到你了，"其中一人对洛伊丝说，"我们只想和你说几句话，我们有食物给你。欢迎来到伊朗。"

这些陌生人表达善意的方式让洛伊丝哭笑不得。他们把一大堆新鲜水果塞进洛伊丝已经满满当当的袋子里。洛伊丝不得不把一些装不下的食物塞进夹克的口袋里。

"你觉得伊朗怎么样？"一个年轻人问。

"我喜欢！"洛伊丝回答道，"我真的很喜欢这里。"

得知洛伊丝像他们一样热爱伊朗，他们高兴地拍着胸脯。聊了一会儿天，他们跟洛伊丝道别后，就低头钻进汽车里，飞驰而去。

这次经历让洛伊丝明白，这是个好地方，虽然她仍然要小心。在她的心里，伊朗已经变成了一个奇妙的国家，而最令她难忘的，是她遇到过的那些善良的人们。

LAURA BINGHAM, PIP STEWART & ME

→ 寻找埃塞奎博河源头

劳拉·宾厄姆、皮普·斯图尔特和内斯·奈特
2018年

在一个炎热潮湿的清晨，我正帮我的朋友们把最后一批食物搬上船。他们是冒险家劳拉·宾厄姆和皮普·斯图尔特。我们准备踏上一段激动人心的旅程——去寻找埃塞奎博河的源头。这个源头还没有被任何人涉足过，所以我们要去未知的地方探险了。一想到即将踏足这个世界上从来没有人到过的地方，我就特别兴奋！

埃塞奎博河位于南美洲圭亚那中部，纵贯南北，是亚马孙河与奥里诺科河之间最大的一条河流。

外威村的村民正在和村里5个最厉害的勇士挥手告别，这5个勇士也将随我们踏上探险之旅。他们不仅身体强壮、见多识广，而且是生存专家。这些外威勇士把热带雨林比喻成他们的超市和药箱。雨林里有我们生存所需的一切资源，而外威勇士将帮助我们找到它们。

横在我们面前的是一条宽阔而平静的河流，它流过茂密的灌木丛。我们8个人最后一起向大家挥手告别，即将去探索未知的世界，这让我们既兴奋又紧张。

在这之后的几个小时里，我们划着独木舟沿着河逆流而上，大家所带的食物能够维持3周的生活。转眼间，我们就到了埃塞奎博河的岔口。左边的河道看起来宽敞又清晰，右边的河道只有左边的一半宽，而且还被倒下的老树挡住了。虽然我更想选择左边的河道，但是右边的河道才能通向埃塞奎博河的源头。艰苦的探险要开始了。

电锯开始嗡嗡作响。当外威勇士用电锯锯进腐烂的树木时，空气中飘满了木屑和灰尘。

这是一项缓慢的工作，我们得打通河道，好让独木舟钻过去。藤蔓和灌木构筑成的一堵墙挡住了我们的去路。每斩断一根藤蔓，火蚁和其他奇怪的虫子就会像雨点一样落在我们头上。

雨林里有成千上万种生物，但感觉它们似乎都想咬我们！巴掌大小的蜘蛛好像觉得我们的独木舟是个不错的栖息处；凯门鳄潜伏在河岸的阴影处，眼睛一动不动地瞪着我们；蛇倒

挂在河岸的藤蔓上；到处都是美洲虎"新鲜"的爪印。

每天晚上，我们上岸安营扎寨休息时，我都必须把吊床绑得高高的。因为有个外威勇士告诉我，美洲虎有时会在半夜从吊床下走过。"你躺着的时候，可以感觉到它们的尾巴从你的背上拂过。"他说道。

我可不想成为美洲虎的大餐！

我们不停地前行。一天天过去了，河道变得越来越窄，河水越来越浅。我们周围的雨林挡住了阳光。皮普毫不夸张地说，截至目前，有200多根倒下的圆木曾阻拦过我们的路。每个人都筋疲力尽，而且我们知道，不能再乘独木舟了，是时候徒步前行了。

我们清理干净河岸附近的一片雨林地，把独木舟和多余的补给留在了一个隐蔽的地方。然后，我们背着重重的背包走向茂密的雨林。

长途跋涉中，外威勇士教会我、劳拉和皮普各种有趣的生存知识。一天早上，他们指着树梢上垂下的浓密藤蔓让我们看。我们看着那些藤蔓，并没看出有什么不同，但是他们却能准确地辨认出，哪些藤蔓布满剧毒，哪些能嚼着喝里面的汁液！雨林里有太多东西要学，而且不能犯任何错误。

日子一天天过去了，我们都变得骨瘦如柴。正当所有人累得走不动的时候，我们偶然发现了一座山，一条小溪从高处流下来。它是什么？是埃塞奎博河的源头吗？

我们穿过一片杂乱的灌木和岩石，到达山顶。山顶上有一个很深的沟，像巨人用斧头砍出来的似的。我听见从深沟里传来了滴答的声音，看到石壁上满是泥土和污垢，在最底下有个小洞，洞里流出纯净清澈的水。我们做到了！我们找到了埃塞奎博河的源头了。

我们记下了确切的地点，大家开

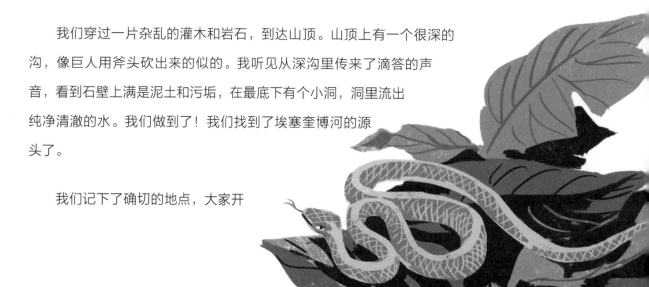

怀大笑，互相拥抱。然后各自拿出瓶子，收集了一些水作为纪念，这样在以后的日子里，我们就能记住曾经一起经历的伟大冒险。

返回营地的路上，我想到了我所学到的一切。我意识到，无论我对某件事有多了解，总有人能教给我一些意想不到的新技能——比如如何在雨林中生存。这次劳拉、皮普和我之所以能成功，多亏了那些外威勇士。

对于一个人来说，独自可以走得很远，如果有好的同伴，就一定能走得更远。

ELLEN MACARTHUR
→ 单人环球航行

埃伦·迈克阿瑟
2004年

那天是圣诞节，水手埃伦·迈克阿瑟紧紧地抓住"莫比号"湿滑的甲板。她面前巨浪重重，像是要把她和"莫比号"吞没了。冰冷的海风拂过她的脸，咸咸的海水刺痛了她的双眼，但她不能放手。埃伦想成为用最短的时间独自乘船环游世界的人。所以，她下定决心，无论如何都要挺过这场风暴。

埃伦走得太远了，如果出了什么事，直升机都救不了她，她离最近的补给点也要4天的路程。目前来看，南极洲是离她最近的陆地，而离她最近的人，大概是国际空间站里的宇航员。她像布娃娃一样被丢在甲板上，每个巨浪都像地震一样摇晃着船身。她唯一能做的，就是活着挺过这场风暴。无论如何，她必须克服困难和恐惧，继续前进。

环绕世界需要在海上航行很长时间。埃伦已经越过了赤道，经过了非洲最西南端的好望角，现在"莫比号"正航行在极为寒冷的南极洲附近的海面上。

在夜间驾驶"莫比号"航行，就像在颠簸的路上以每小时161千米的速度狂奔，没有车灯，没有雨刷，也没有刹车。

埃伦把船设计得很轻，这样它就能飞快地在海洋上行驶，但这也意味着遇到巨浪和狂风，"莫比号"更容易侧翻。埃伦决定冒险试一试，因为这是打破世界纪录的绝佳机会。

圣诞节那天，埃伦迷迷糊糊地查看天气预报，结果吓了一大跳。身后不远处的海面上正有一场巨大的暴风雨。这一次甚至比她上次遇到的暴风雨还要大。

埃伦检查了"莫比号"的位置，确定"莫比号"必须保持在暴风雨北边航行，否则就会被卷入暴风雨里，"莫比号"会被撕成碎片，她也没有任何获救的可能。于是埃伦不得不在暴风雨中继续航行。

暴风雨越来越大。巨大的海浪猛烈地撞击着"莫比号"的船舷，埃伦不得不爬到甲板上调整船帆，她觉得自己好像身处于巨大的洗衣机里，被晃得站不起来。

埃伦甚至没有时间吃饭睡觉，她必须得小心谨慎地检查每一个设备，保证"莫比号"正常运行，这样才能把暴风雨甩在身后。这是埃伦最害怕的一次航行。

埃伦紧闭双眼，试着不去理会砰砰的声响，但无济于事。在大自然面前，"莫比号"显得那么渺小而脆弱，埃伦感觉整个世界都离她好远好远。

她需要熬过今晚，反复检查仪器、船帆和绳索，确保没有被损坏。这是多么不寻常的一

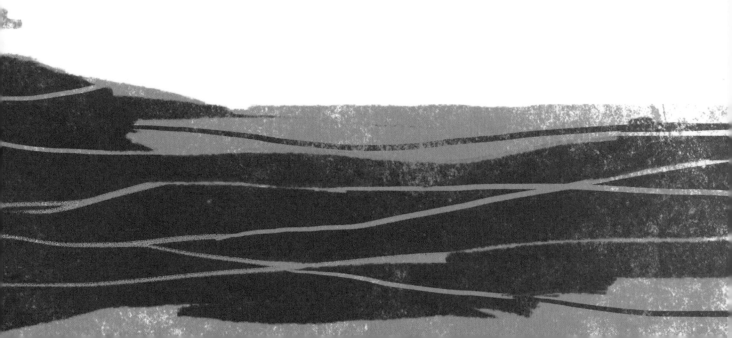

个圣诞节啊!

终于，几天过后，埃伦和"莫比号"摆脱了恶劣的天气。暴风雨停了，海面重归平静，像是寂静的仙境。夜空中繁星点点，一切都沐浴在银光之中。

一切都过去了，借助洋流，埃伦下一段航程的速度将会更快，这能让她更早到达终点。

最终，埃伦创造了历史，用时71天14小时18分33秒，成为独自驾驶帆船环球航行用时最短的人!

HARRIET CHALMERS ADAMS

→ 骑驴穿越海地

哈丽雅特·查默斯·亚当斯
1910年

哈丽雅特·查默斯·亚当斯把所有的装备绑在了美洲驴的背上，这些强壮的小驴有着公牛般的力量，它们能给哈丽雅特提供非常大的帮助，因为她的探险要从海地热带山区里危险的羊肠小道开始。

海地是位于加勒比海北部的一个岛国，属于世界最不发达国家之一，经济以农业为主，基础设施建设非常落后。

哈丽雅特是位勇敢无畏的探险家，即使是去那些人迹罕至的野外探险，她也丝毫不会感到害怕。每当想起上次冒险的经历时，她便会露出开心的笑容。

那是在南美洲丛林里的一次冒险，她与一只饿坏了的美洲虎狭路相逢，好在她侥幸逃脱了。她还遇到过一只非常狡猾的美洲狮，那只大家伙趁哈丽雅特和她的伙伴们不在的时候，偷偷溜进他们的营地，把所有的肉都偷走了。

比起大型野生动物，哈丽雅特最害怕的是吸血蝙蝠，在黑夜里，它们会悄悄地从树洞里飞出来捕食，咬破猎物的皮肤吸食血液，就连人类也是它们的攻击对象。不过这次哈丽雅特不用担心，因为海地可没有如此可怕的动物。

哈丽雅特想找到生活在这片土地上的原始居民。她还想寻找一种叫沟齿鼠的动物，那是一种奇怪的、毛茸茸的哺乳动物，它有

长长的鼻子、黑色的小眼睛和像老鼠一样的尾巴。但这并不意味着它很可爱，因为它有像蛇一样锋利的牙齿，里面充满了致命的毒液。

是时候到野外去了。哈丽雅特和她的丈夫，还有几位助手、一位向导，一起沿着崎岖的山路前行。温暖的风吹拂着哈丽雅特的头发，额前的发丝紧贴在她的脸上，汗水从她的背上流淌下来，这让她很不舒服，但她没有抱怨。很快，他们就会进入大山深处，在那里她会冷得直打哆嗦。

几天后，哈丽雅特开始怀疑她的向导——他好像不知道到底该往哪儿走！他们骑了一整天的驴，每个人都累坏了。当太阳沉入地平线，星星在黑暗的天空中闪烁，向导仍然没有找到一个合适的地方让他们歇息。最终他们不得不停下脚步。黑暗笼罩过来，他们在一个没法睡觉的地方迷路了！向导坐在地上，小声地哭了起来，他不知道该如何继续前进，他以前从未来过这里。哈丽雅特有些内疚，但更多的是不安，她的感觉很不好。

情况非常糟糕。这时，哈丽雅特发现在不远的地方，亮起了一排明晃晃的火把，在漆黑的夜里，正渐渐朝他们逼近。那是什么？是人类吗？他们从哪儿来？会不会是凶残的原始野人？天太黑了，哈丽雅特完全看不清楚，她害怕极了。

火把越来越近，他们终于来到哈丽雅特面前，然后露出友好的面孔和灿烂的笑容。是附近村子里的村民，谢天谢地！原来，他们是听说了哈丽雅特的冒险事迹后主动找过来的，想看看故事里的这些冒险家是否需要帮助。

是的，此时的哈丽雅特太需要帮助了！夜色下，村民们打着火把，带着哈丽雅特一行人走了很长一段路，最后来到了一个村子里。大家搭起帐篷，卸下装备，点亮营地里所有的火把。村子里的孩子们都围了过来，几十双小眼睛好奇地打量着他们。哈丽雅特意识到，这可能是孩子们第一次碰到有女性探险者来村子里。她严重怀疑，以前根本就没有女性探险者走过这条路——这些孩子一定觉得她很古怪。

第二天一早，村民们给哈丽雅特端来了热气腾腾的早饭。他们真是太善良了。吃过早饭后，哈丽雅特向村民们请教出去的路。村民们告诉她，一直往南走就可以出去了。告别这些

热心善良的村民后，哈丽雅特和丈夫以及向导、助手骑上驴子出发了。昨晚充分的休息，让哈丽雅特更有精力去面对接下来的冒险。

　　作为第一个探索海地的白人女性，哈丽雅特并未为此感到自豪。她告诉自己，在她之前，已经有其他探险家踏足过这里，和他们相比，她拥有更精良的装备和更安全的生存保障，这些客观条件对那些前辈来说简直是无法想象的。他们要比她更坚强。所以，每当哈丽雅特感到疲惫得无法再坚持时，那些前辈的冒险故事就会激励着她继续向前。

JEANNE BARET
→ 乔装环游世界

珍妮·巴瑞特
1766年—1769年

珍妮·巴瑞特冲上"星辰号"帆船的甲板，从欢呼雀跃的船员们身边挤过去，以便更清楚地看到眼前的景象。经过5个星期漫长的航行，他们穿过南美洲最南边的麦哲伦海峡，终于到达了太平洋。

刺骨的寒风呼啸而过，珍妮头顶上的船帆被吹得猎猎作响，就像一只正在飞翔的白色大鸟的翅膀。马上就到小火山岛了，珍妮看见许多只企鹅为了取暖拼命地挤在一起。翻滚的巨浪如同无法刹车的蒸汽火车一样大力撞击着他们的船，但珍妮很兴奋，因为前面就是热带气候区了，终于可以把冰雹和暴风雪抛在身后了。

珍妮不仅是一名植物学家，还是一名探险家。在去往世界各地的旅行中，她总能发现新的地方和各种各样的新物种。她还有一个大秘密——每次旅行，她都是女扮男装！在18世纪，女性是不允许独自出海的。于是她乔装打扮成男人，这样的话，她就能开始令人兴奋的探索之旅了。目前为止，还没人发现她的真正身份。

几周后，"星辰号"航行到了太平洋未知的海域。这是一片极其广阔的海域，足有数千平方千米，在这里，他们会发现什么新的岛屿呢？没有人知道。但他们的补给快用完了，饮用水里长了绿色的黏糊糊的东西，蔬菜也在腐烂，肉闻起来就像在太阳底下放了好几天，只有苦咖啡尝起来似乎没那么糟！珍妮看得出来，每个人都情绪低落，脾气暴躁。他们必须尽快找到一个可以停留的岛去寻找补给。

为了抵御饥饿感，珍妮只能专注工作。她绘制并保存了他们在南美洲收集的1000多个植物标本。这时，敲门声响起，是她的朋友——船上的天文学家。

"我们附近有一座岛！"天文学家高兴地说，"我们很快就能上岸了。"

珍妮腾的一下站起来，她冲出房间，看见船员们在兴奋地大喊大叫。她跳上甲板，空气中弥漫着泥土和植物的气味。有土地！这就意味着会有食物和淡水。

这时，她耳朵里传来一阵巨响，巨浪轰隆隆地撞击着海岸。珍妮的心一沉，这座岛……没有可以抛锚的地方。

几分钟后，第二座岛出现了，可是他们的船依然无法靠近。运气太差了！他们寻找了好久，都未能找到适合靠岸的岛屿。在其中一座岛上，珍妮远远看到一群高高的男人沿着海岸在奔跑。如果有人的话，就意味着也会有食物和水……然而，这些人手里拿着长矛。这让珍妮有些害怕，在探险者的传说中，不乏关于食人族部落的描述。饿死，或者被食人族吃掉，珍妮陷入了两难的抉择。

最后，他们只能继续往前航行。此后，珍妮又遇到了好几座岛，但都没有办法抛锚上岸。她已经瘦得皮包骨头了。

漫长的7周时间过去了，一声喊叫打破了清晨的寂静："前面有一座岛！"

珍妮没什么反应，这样的事已经发生过好几次了，但每次都只会让人失望。

突然，一阵急促的敲门声响起。"珍妮，你必须到甲板上来，"天文学家激动地喊道，"快点儿！"

阳光照在珍妮的脸上，她眯起眼睛，定睛一看，才发现不知何时，"星辰号"已经停泊在了一座岛的港湾内。它的周围出现了好几条小船，每条小船上都有人。他们是谁？会不会攻击我们？珍妮有些蒙。

紧接着，珍妮便看到小船上的人举着装满坚果、水果和肉的篮子在冲他们挥手。是热情好客的岛民！他们慷慨地把食物分给了珍妮和她的船员们。珍妮的肚子不由自主地发出咕噜咕噜的声音，她抓起食物不停地往嘴里塞着，甚至连嚼都没嚼。这一刻，珍妮像是在享用圣诞大餐，她感觉自己来到了天堂。

珍妮吃饱了，她满足地笑了起来，然后躺在甲板上，回忆着自己的探险经历。直到现在，依然没人发现她的秘密，这让她很得意。什么也不能阻止她成为探险家的梦想，她注定会成为第一个乘船环游世界的女人。

虽然现在珍妮还不能公布自己是女扮男装这一秘密，但两年后，当她结束旅程的时候，她一定要告诉全世界！

THEODORE ROOSEVELT
→ 探索未知之河

西奥多·罗斯福
1914年

西奥多·罗斯福站在河岸上，看着面前的7艘独木舟，这些独木舟将载着他和他的队友们沿着这条河流航行。

西奥多正在进行一次伟大的探险。他划着船，沿着一条位于亚马孙河中部的未知支流顺流而下。他不知道河流会将他们带去哪里，也不知道这样的探索还要持续多久。一切都是未知。一想到这儿，西奥多后背的汗毛便竖了起来。

亚马孙河位于南美洲北部，是世界上流量和流域面积最大、支流最多的河流，也是世界第二长河。

眼前的丛林像万花筒一样斑斓。河两岸生长着形态各异的植物：有的植物的叶子是成年人的2倍高，就像柔软的、呼扇着的大象耳朵；有的叶子又长又细，薄得像把锋利的手术刀。

西奥多他们在这条神秘的未知之河里划着桨度过了漫长的一天。那些参天大树像柱子似的屹立在河水中央，像是沉默而威严的守卫。浓密的藤蔓仿佛巨轮上的缆绳，沿着树干直直地垂了下来。夕阳透过树梢，把一切染成了金黄色，过不了多久，太阳就要落到地平线以下了。

涨潮了，河水汹涌而至。西奥多焦急地沿着河岸四处搜寻，终于，他发现了一处可以上岸的地方。在陡峭的河岸上，有一片平坦的高地，很适合搭帐篷。就算上游有洪水袭来，这个地方也是安全的。

西奥多和他的队友们把独木舟绑好后便急忙爬上高地，用斧子开始清理灌木丛。他们搭好帐篷、装好吊床、生起火以后就该去准备晚餐了。每天这个时候，大伙儿都会去打猎，在丛林里搜寻水果、蜂蜜和坚果，尽可能地靠土地为生。但即使在最好

的情况下，要养活22个人也是非常困难的一件事情，况且西奥多并不知道，他们会继续航行8天还是80天。所以当务之急，是尽可能地多打猎和捕鱼，储备更多的食物。

探险的日子非常艰苦，但真正让西奥多忍受不了的却是丛林里的昆虫。明明前一分钟还没有任何征兆，结果下一刻营地就被成千上万的切叶蚁包围了，大家吓得一动也不敢动。到了晚上，等所有人熟睡了，切叶蚁还会大摇大摆地爬进他们的帐篷，吃他们的食物、睡袋……它们甚至吞下了西奥多的一件衬衫！西奥多受够了，他把他的独木舟推进河中，然后待在上边过夜，这下终于没有昆虫烦他了。

接下来的几天很顺利。西奥多他们顺流而下的时候，成群的猴子在高高的树上向他们打招呼；鸟儿在树枝间跳来跳去，叽叽喳喳地叫个不停；五颜六色的蝴蝶在河面上飞舞，如同舞者般转来转去；一群长尾鹦鹉从西奥多的头顶上飞过，它们唱着动听的歌，闪烁着红色、绿色和蓝色的光芒，仿佛丛林里的小宝石。

第5天的时候，西奥多他们来到了一个拐弯处，河水以雷鸣般的声音在提醒着他们——前方有瀑布。看来，今晚他们必须得在这儿扎营，然后需要把独木舟拖上岸，再抬着绕过瀑布。这是唯一的办法，如果独木舟从瀑布上直接冲下去的话，汹涌的急流和汽车般大的巨石会把它撞得粉碎。

安顿好一切后，西奥多和他的队友们从不同的方向出发去寻找食物。大家决定先在河里洗一个澡，清除掉身上的污垢和汗水。结果洗澡时他们发现，在汹涌的河水中有大量的帕库鱼在扑腾。急流对独木舟来说是可怕的，但对捕鱼来说，却是极好的！那些鱼儿肉质肥美，身体大大的、圆圆的，在夕阳下闪着金色的光。西奥多松了一口气，看来以后的几天里，他们都不用为吃的发愁了。

前方仍有很多挑战。但西奥多知道，丛林里有他们生存所需的一切资源，它就像一个巨大的食品市场。他们只要保持头脑冷静，然后准备好弓箭就可以了。就这样，大家在丛林里生存了下来。

想要活着，一切都得靠自己，这似乎是世界上最自然不过的事情了。不管接下来在这次伟大的探险中会发生什么，西奥多都对这片丛林和它所给予的一切心存感激。

DIAN FOSSEY
→ 追踪大猩猩

戴安·弗西
1980年

环境保护者、大猩猩研究专家戴安·弗西站在卢旺达的一条古老的岩石隧道里，面对着大象们留下的巨大脚印，感到自己是如此渺小。

这里几百万年前是一座活火山，它喷出的炽热的岩浆形成了这条隧道，现在隧道成了大象群从卢旺达丛林穿越到竹林的通道。

戴安的营地在维龙加山脉里，她正在研究生活在那里的山地大猩猩。每天，她都会去丛林追踪大猩猩，并记录它们的行为。戴安必须想各种办法去靠近大猩猩，这样才能让它们习惯她的存在。

> 维龙加山脉是位于东非的火山群，主要由8座大火山组成，是东非大裂谷的一部分。这里也是山地大猩猩的栖息地。

在去往岩石隧道的路上，戴安会穿过一片茂密的竹林，那些竹子仿佛一道墙一样守护着丛林，使它不被外界所打扰。走出隧道后，她会进入另一个世界——一个只属于丛林的世界，大猩猩就生活在那里。

戴安睁大眼睛，看着大丛林画卷在她眼前徐徐展开。树木高耸入云，树干上长满了毛茸茸的苔藓，它们一棵紧挨着一棵，耸立在山坡上，就像一群温顺的巨人。而戴安最喜欢做的事，就是远离文明世界，去追踪那些把丛林当成家的大猩猩。

跟踪大猩猩的工作是非常危险的，因为有时候会有其他猛兽悄悄跟着她。但即使如此，戴安依旧

很享受和大猩猩们在一起相处的快乐时光。

有只叫伊卡洛斯的成年雄性大猩猩，它性格活泼，眼睛里总是闪烁着狡黠的光芒。它会慢慢地靠近戴安，趁她不注意时抓起她的物品掉头就跑，然后认真地研究。有一天，伊卡洛斯偷偷地溜过来，偷走了戴安的笔记本，那是戴安写了一早晨的重要笔记。一眨眼的工夫，伊卡洛斯就已经跑到了另一只更大的大猩猩跟前，然后一边偷瞄着戴安，一边把笔记本撕碎了塞进嘴里咀嚼。

这天，戴安气喘吁吁地爬上陡峭的山坡，穿过泥泞的小径，再攀爬到一块岩石之上，终于找到了伊卡洛斯和它的家人。伊卡洛斯像往常一样，矫健地在树枝间荡来荡去，给大家表演杂技。然而被它抓在手里的树枝太细，无法承受它的重量，"啪"的一声折断了，伊卡洛斯摔到了地上。一瞬间，远处两只大猩猩发出了愤怒的咆哮，它们冲下山坡，向戴安飞奔而来。戴安吓坏了，但她知道，现在不能逃跑。伊卡洛斯的妈妈瞪着戴安，随时准备冲过来，它愤怒的眼神似乎在怀疑是戴安把伊卡洛斯摔在地上的。

场面一度非常紧张，大猩猩们离戴安很近，近得只要戴安一伸手就能碰到它们。突然，大猩猩们停了下来，因为它们发现伊卡洛斯只是在地上翻了个跟头，转眼间又爬上了树，快活地在树枝间摇摆、旋转，好像什么事都没有发生。大猩猩们警惕地看了看戴安，其中一只大猩猩似乎仍然对戴安不满，冲她发出咆哮以示警告。这时，伊卡洛斯已经和另一只小的雌性大猩猩玩起了捉迷藏，它们嬉闹着跑远了。不一会儿，其他大猩猩也都转身爬上了山坡。戴安这才松了一口气。

在戴安眼里，观察大猩猩如何保护家庭成员也是重要的一课。她更清楚，如果她想深入研究它们，就必须做到让它们在她身边感到舒适和安全。她在它们的世界里完全是一个陌生人，戴安得尊重和理解它们。

毫无疑问，戴安把自己的一生都奉献在了研究大猩猩的工作当中。

MIKE HORN

→ # 雨林遇险

迈克·霍恩
1999年

迈克·霍恩是位著名的探险家，他生于南非，定居在瑞士。但此时的他，却位于亚马孙热带雨林的东部地区。他背着一个几乎和他一样重的包，手里握着一把刀，正在茂密的森林里开辟着道路。他身手矫捷地在如迷宫般的森林里自由穿梭着，逐渐消失在森林深处。在此之前，迈克已经独自驾船横渡了大西洋，现在正准备沿着亚马孙河横穿南美大陆。更重要的是，他要独自前往！

在长达18个月的旅程里，迈克曾沿着赤道——南北半球的分界线环游了地球一周。此时他孤身一人，没有借助任何现代化的交通工具。这将是他要经历的最漫长、最艰难的探险！

森林仿佛是有生命似的，风吹拂着树梢，如同在呼吸一般，还有来自四面八方的声音，像是昆虫、鸟儿和猴子的窃窃私语。

——

亚马孙热带雨林位于南美洲亚马孙平原，是全球最大及物种最多的热带雨林，被人们称为"地球之肺"和"绿色心脏"。

——

迈克看了看他的指南针，然后带上所需的物资，一路向西出发。几天、几周过去了，他一直在向前行进。他穿过沼泽，跨过溪流，越过倒下的大圆木，艰难地开辟出一条崎岖的小路。雨林里的动物大多擅长伪装，迈克从它们身边经过时，很难发现它们的存在。而一些拥有艳丽外表的动物，迈克老远就能看到它们。

空气极其闷热。迈克每呼吸一次，都感觉像是被灌下一碗用树叶和花朵熬成的汤。太热了，他每天大约要喝14升水。当水喝光时，他会找一些热带雨林特有的藤蔓，用刀割开一个口子，这样藤蔓里面干净的水就能流出来。至于食物，这片土地便是他最好的补给基地，每天他都会去打猎、寻找食物。鱼、浆果、小型陆生动物……这些都是他的美食。在这里，他能清晰地感受到大自然的伟大力量。

迈克继续艰难地前行着。美洲虎和鳄鱼没有打扰他，迈克对它们也敬而远之。他更害怕的是那些他看不见的小生物，比如在岩石、树叶间乱窜的蝎子、毒蛇和火蚁。

他必须时刻注意保护自己的手，以防被叮伤。数以百计的毒虫每天和他一起共进三餐。森林里经常回荡着迈克拍打虫子的声音。

即使已经够小心了，迈克还是被一条蛇咬伤了。它像闪电一样蹿出来，对着迈克左手的小指狠狠地咬了一口，顿时，迈克的左手感到剧痛，就像被熨斗烫了似的。独自在这个地球上最大的森林中被毒蛇咬伤是件绝望的事情，那一刻，迈克的心情糟糕透了。

迈克尽量让自己保持冷静，然后赶紧从药箱里取出抗蛇毒血清给自己注射。但很快，他的身体便出现了中毒的症状，没过一会儿，他就失明了。没有人能帮助他，因为没人知道他的确切位置，即使有人知道，直升机也无法降落。离开是不可能的，迈克只能摸索着勉强把吊床系在两棵树之间，然后爬上去蜷缩在上面。

迈克躺了两天，随着时间的流逝，他的身体越来越虚弱。第3天，他伸出一只颤抖的手臂，把信号器拿了过来。只要输入代码，他就能向家人发送紧急信息了。他曾希望自己永远不会用到这个信号器，因为他觉得，只有在自己快要死的时候才会给家人发消息。犹豫了半天，迈克决定，先不发送紧急信息了，再等等。

又过了极其痛苦的两天。迈克蜷缩在吊床上，聆听着森林里各种生命从他身边经过的声

音，等待着死亡的降临。第6天的时候，迈克的视力逐渐恢复了，体力也开始变好了，他有信心继续坚持下去了。迈克从未像现在这样庆幸自己还活着。

但是危险还没有结束，因为伤口还没有完全愈合，在没有抗生素的森林里，防止感染是很难的。迈克知道，如果伤口感染，他就只能把手指切掉了。所以，他决定试试一个土办法——用河泥消毒。迈克用从河里捞起来的淤泥将自己从头到脚擦了个遍。粗糙的沙子和柔滑的黏土是预防感染的良药。随后，他跳进了清澈凉爽的河水里，将自己洗得干干净净。

迈克尽心尽力地照顾着受伤的手指。慢慢地，手指上的伤口开始愈合了。尽管之前他几乎失去了希望，但永不言弃、始终乐观的精神，让他坚持到了最后。如今，这位勇敢的探险家依然继续着他不可思议的旅程。而此次历险的经历，让迈克对野生动物更加警惕，也更加敬畏了。

ROBYN DAVIDSON

→ ## 骆驼女郎

罗宾·戴维森
1977年

有一位年轻的澳大利亚探险家，名叫罗宾·戴维森。这天清晨，罗宾在澳大利亚偏远地区的空地上醒来。黎明的天空布满了云朵，仿佛一幅美丽的油画。罗宾骑上骆驼，在晨光微风中愉快地出发了。

罗宾的骆驼不仅是她的交通工具，也是她的朋友。两年的时间里，罗宾一直在寻找合适的骆驼，经过漫长的训练后，她带着她的骆驼伙伴们开始了这次伟大的冒险。这4个毛茸茸的家伙分别是：杜基、布布、泽雷卡和歌利亚。她还有第5名队员——忠诚的爱犬迪格蒂。

刚出发不久，罗宾的面前就出现了一群野骆驼，它们在山顶上看着她。有人警告过罗宾，遇到野骆驼时，一定要注意其中的公骆驼。它们具有强烈的领地意识，脾气暴躁，而且好斗。如果它们集体冲过来，罗宾可能就活不成了。

那群野骆驼从山顶上跑了下来，脚下掀起了一团烟尘。庆幸的是，它们只是路过，并没有对罗宾的队伍发起攻击。罗宾和它们走在同一条路上，而且是同一个方向。它们走在罗宾前面，由一头公骆驼领路。以防万一，罗宾端着枪，谨慎地盯着野骆驼。领头的公骆驼不停地回头看，它也紧紧地盯着罗宾和她的骆驼。过了一会儿，这群野骆驼停下了，罗宾也跟着停了下来，她必须得跟它们保持安全距离。似乎是觉得罗宾势单力薄，那群野骆驼尝试着想要靠近杜基、布布。它们很大胆，任凭罗宾怎么叫喊和挥手也不愿走开。最后，罗宾只能朝天鸣枪，震耳欲聋的声音刺破了寂静的空气。这下，野骆驼吓得飞奔逃窜，片刻间，眼前只剩下远去的驼峰和旋涡状的烟尘。

罗宾继续往前走，她的脚上是一双凉鞋。这个地方的天气很极端，白天的时候，炽热的阳光仿佛要把她烤熟；到了晚上，气温降至冰点，刺骨的寒风让她直打哆嗦。

杜基、布布、泽雷卡和歌利亚都是罗宾心目中的英雄，它们非常坚强，而且从不抱怨。即使它们倒下了，也会站起来继续前进；尽管它们已经累得筋疲力尽，但它们从不放弃。这多么令人感动啊！罗宾为能拥有这样的同伴而感到自豪。

经历了之前和野骆驼群的相遇后，罗宾觉得，并不是所有的骆驼都欢迎她，所以她时刻提防着。突然，当罗宾抬头望向地平线时，什么东西引起了她的注意。她看到了远处移动的小棕点。

1，2，3，4……一群野骆驼朝罗宾他们气势汹汹地冲过来了。它们正在向她的队伍发起攻击。没有办法，罗宾只能开枪了！她抹去额头的汗水，举起了手中的枪。"砰"的一声，枪响了！但是，那群野骆驼还在继续向她飞奔。罗宾跪在地上，准备再次射击。她扣动了扳机……哦，不！子弹卡住了！刹那间，罗宾紧张得全身的血管像要爆炸了，整个人完全动弹不得。她好不容易才回过神来，可手边能够充当武器的只有石头。她拼命地朝野骆驼丢石头，并且一边跑一边大声吆喝，试图把它们吓跑。当罗宾几乎绝望的时候，那群野骆驼转身冲进了夕阳里。她的办法奏效了！她还活着！

死里逃生后，筋疲力尽的罗宾带着杜基、布布、泽雷卡、歌利亚和迪格蒂来到一座小山上，这里视野开阔，她搭起帐篷准备过夜。星光下，罗宾累得瘫倒在吊床上，然后将她的狗紧紧抱在怀里。

罗宾非常喜欢这里。虽然在大自然的主宰下，她只是个客人，但这一刻，她有了一种终于被大自然接纳的感觉。尽管罗宾为此要冒生命危险，但她仍然觉得荣幸之至。

GERTRUDE BELL
→ 穿越阿拉伯沙漠

格特鲁德·贝尔
1913年

在大马士革，格特鲁德·贝尔坐在房间的地板上，凝视着阿拉伯沙漠的地图。她即将前往一个完全未被探索过的地方去探险。格特鲁德是位作家、考古学家和探险家，对她来说，古代遗迹就如同天堂般的存在。传说，在阿拉伯沙漠里埋藏着各种宝藏和秘密。这些真假难辨的消息，让格特鲁德兴奋得几乎彻夜难眠！

叙利亚的首都大马士革，是世界上最古老的城市之一，号称"人间的花园""地上的天堂"。

格特鲁德穿着风衣走在街道上。她要去市场买骆驼，雇骆驼手。格特鲁德以前去过中东的沙漠，她知道，必须雇不同部落的人来进行这次探险。因为沙漠里的土匪其实很多都来自部落，这样，当在沙漠里遇到土匪的时候，这些雇来的人可以报上自己的部落名，如果土匪里恰好有同部落的人，就可以让队伍免受袭击和抢劫。

几天以后，格特鲁德准备好一切。有20多个人跟着她，还有一长串的骆驼和驴。她要准备穿越沙漠了。正值隆冬时节，寒风撕扯着他们的毛皮大衣；冰冷的雨点儿倾泻而下，像一把把小匕首刺着格特鲁德的脸和手。骆驼手们牵着骆驼小心翼翼地走在冰冻的沙地上。这个季节的沙漠里，虽然没有常见的炽热的沙子和高温，但极端的天气依旧让大家吃尽苦头。格

特鲁德带领着大家继续赶路，直到她看见骆驼们相继滑倒在地，虚弱得像一头头刚出生的小鹿后，才不得不让队伍停下来休整。

接下来，格特鲁德经历了最痛苦的一晚。尽管她把自己包裹在好几层衣服里，但还是觉得冷。事实上，气温已经降得很低了，他们睡的帐篷都冻住了！大家只能点起篝火为帐篷解冻。格特鲁德心想，这可真是个可怕的开始。此时的她并不知道，更大的危机还在后面。

过了5天，队伍中的一个男子发现，远处的地平线上弥漫着几缕青烟，骆驼手们都有些忐忑。在这里，敌对的部落经常发生战斗。为了看得更清楚，格特鲁德还是像往常一样，率先大胆地走到山坡上。她转动着望远镜，对着远处升起的烟观察了一番。啊哈！她想的没错，那只是一群牧羊人的营地而已，也许牧羊人们正在那里休憩，没什么好怕的。格特鲁德无畏地站在山顶上，遥望着营地，而牧羊人们也已经看到她了。

突然，一阵枪响在格特鲁德的耳朵边炸开了。是那些牧羊人！他们手里有枪，正朝她冲过来。这时，格特鲁德的队伍里有个人走上前，他似乎和那些牧羊人是一个部落的。他朝牧羊人们挥舞着手臂，大声喊着说："嘿！等等，我们是朋友，不是敌人。"但这并没有什么用。

那群牧羊人——不，确切地说，是土匪！他们骑着马拿着枪冲过来将格特鲁德的队伍包围起来。一个土匪过来抓住受惊骆驼的缰绳，强迫它跪下。另一个土匪掏空了格特鲁德的背包，她的枪和剑都被抢走了。格特鲁德无助地看着这混乱的场面。她竟把土匪错当成牧羊人，真是错得太离谱了！

就在格特鲁德快要绝望的时候，帮她照看帐篷的一个年轻人勇敢地走上前来。"快住手，我认识你们，你们也认识我！"他流着泪向土匪们喊着，"去年我是你们部落的客人，买了你们的骆驼！"

人群突然安静下来。土匪们盯着那个年轻人来回打量。他们犹豫了一会儿，互相商量了一下，然后便把所有的东西还给了格特鲁德。在沙漠里，世代流传着一条古老的规定：无论何时，勇士们都有义务和责任去保护那些部落里受欢迎的客人。

这个英勇的年轻人使格特鲁德的队伍免遭抢劫，他救了所有人。按照传统，格特鲁德立即搭好帐篷，邀请这些土匪做客，并赠送给他们一些小礼物以示友好。

这次历险深深震撼到了格特鲁德，但她不是一个轻言放弃的人。她重新骑上了骆驼，继续踏上永无止境的冒险旅程。

JON KRAKAUER
→ 珠峰遇险

乔恩·克拉考尔
1996年

乔恩·克拉考尔不仅是位作家，还是位登山家。此刻，他站在世界上最高的山峰——珠穆朗玛峰的顶峰，俯瞰着眼前这幅壮观的景象。多年来，乔恩一直梦想能登顶珠峰。但当他真正站在这里时，他却几乎没什么感觉。因为他已经连续3天没有吃过东西，57个小时没有合过眼了。海拔约8848米的环境下，氧气极其稀薄，乔恩的脑子早就发蒙了。

珠穆朗玛峰是神奇的，也是极其危险的。天气瞬息间千变万化，乔恩明白，他得立即返程，才能在天黑前赶回营地。他拿出相机，正准备再给山脊拍张照片时，眼前的景象突然引起了他的注意。一大团乌云彻底遮挡住了珠穆朗玛峰周围的小山峰……是暴风雪要来了吗？

乔恩赶快检查了一下氧气瓶，发现已经快要空了。他必须赶快下山。乔恩望着前方被雪覆盖着的蜿蜒的山脊，心脏怦怦直跳，因为他将沿着山脊的边缘行走，两边的峭壁让人不寒而栗。他深吸了一口气，小心翼翼地前行着。就在这时，他发现了一队登山者朝着顶峰进发，他们正在翻越乔恩返程时必须途经的一块大岩石。乔恩停下来，一边给他们让道，一边检查着自己的氧气瓶和其他装备。

歇息间隙，为了节省氧气，乔恩暂时关掉了氧气瓶的阀门。突然，乔恩感觉神清气爽，而且可以自由呼吸了。这也太奇怪了……

然而几分钟后，他就头晕目眩，呼吸困难，仿佛被人勒住了脖子。发生了什么事？乔恩急忙察看，这才发现，原来自己刚才不小心把氧气瓶的阀门开到了最大，而不是关上了，导致宝贵的氧气几乎被用完了！

乔恩摘下面罩，深吸了几口气。

看来他要在没有充足氧气的情况下返回了，事情并没有按他的计划进行。

刚下到半山腰时，暴风雪开始了。乔恩甚至看不清下一步该往哪儿走。他很害怕，幻想着自己从珠穆朗玛峰的峭壁间跌了下去，消失在暴风雪里。夜色渐渐爬上山头，很快就要到晚上了，乔恩的周围开始变得昏暗，风在他耳边嘶吼，大块大块的冰和漫天的雪砸在他身上。

找到一处勉强能遮挡风雪的角落，乔恩赶紧坐下来打算休息一会儿。这时，身后的山间回荡着震耳欲聋的轰隆声。他吓得瞪大眼睛，赶紧转过身去看是不是雪崩，好在并不是，只是打雷而已。又一声巨响传来，紧接着一道闪电照亮了天空。乔恩有点儿担心其他的探险者，但此时的他已经自顾不暇。

继续往回走，乔恩感觉呼吸越来越困难，他意识到自己又缺氧了。他的步伐异常沉重，营地仿佛远在千里之外，乔恩有些沮丧地想着，早知道会这么困难，自己还不如去探月呢。

仿佛过了一个世纪那么久，乔恩蹒跚着从被冰层覆盖的陡坡上爬下来。他看到下面的一处洼地里有几顶帐篷闪动着微弱的亮光。那是他的营地！

营地近在咫尺。乔恩把目光从营地上移开，将背包从肩膀上取下来扔掉，使自己的负重减到最小，准备爬下最后一段陡坡。他小心翼翼地蹲下，把靴子上的金属长钉用力踩进冰层里。啪！啪！他向下爬了两步。啪！啪！他又爬了两步。15分钟后，乔恩终于回到了营地。

他用自己冻僵的双手，拉开帐篷的拉链，然后跌跌撞撞地一头扎进了帐篷里。暴风雪在帐篷外面呼啸，试图寻找缝隙灌进来，但没有成功。乔恩终于安全了，他疲惫地钻进了厚厚的羽绒睡袋里，然后睡了一个这辈子最舒服的觉。

第二天早晨，乔恩刚醒来，就听到了一个坏消息。有19名登山者被困在峰顶，生死未卜。面对灾难，人们表现出了前所未有的团结和勇敢，许多登山者和当地村民一起，在暴风雪中对被困的登山者展开救援。

　　乔恩很幸运，他活了下来。这次的经历使他领略到了大自然的壮美景色，但他也被它的力量深深震撼着。他现在很确信，无论何时，都一定要敬畏大自然。

THOR HEYERDAHL

→ 在太平洋发现新物种

托尔·海尔达尔

1947年

托尔·海尔达尔和他的船员们已经好几周没见到陆地了。

海面波涛汹涌，瞬息万变。前一分钟，他们还在仰望蓝天，乘风远航；下一分钟，滔天巨浪就突然袭来。即便如此，托尔还是对他的木筏"康提基号"充满信心。这种手工制作的木筏很适合在海洋航行。普通的船撞上海浪的时候，船就很容易被淹没；但他的木筏像一个软木塞，能安全地漂浮在海面上。

托尔是一位来自挪威的探险家兼作家。他此行的目的就是为了证明一个传说——数千年前，南美人制作了一种木筏，并用它横渡太平洋，然后在波利尼西亚群岛定居了。托尔用相同的原理制作了木筏，和那些先驱者一样，他也没有使用任何现代机械。

> 波利尼西亚群岛是太平洋三大岛群之一，它位于太平洋中南部。

"康提基号"建好后，托尔和他的船员们从秘鲁海岸出发，打算在塔希提岛安全靠岸，这座岛就在距离他们目前所在地往西的7 000千米处。这是一次大胆而危险的尝试。许多人都认为这是不可能的，但托尔不会放弃，他要证明给那些质疑的人看。

> 塔希提岛是波利尼西亚群岛中最大的岛屿，位于南太平洋。这里四季温暖如春、物产丰富。岛上居民称自己为"上帝的人"，外国人则认为这里是"最接近天堂的地方"。

这天早上，托尔睡眼惺忪地爬出船舱，海面上很平静，海水从绿色变成了明亮的蓝色。这说明他们已经离开浅海区进入深海区了。托尔看到各种鱼儿在"康提基号"下游来游去。眼前的这幅画面简直太美了。

食物已经不是他们担心的问题，因为木筏下面有成群的沙丁鱼。这些沙丁鱼把大海变成了冒着气泡闪着银光的云层。沙丁鱼时不时地就像小小的银色火箭一样腾空而起，跃上木筏。托尔偶尔会听到从某处传来的咒骂声，那是因为有一条鱼在快速跃过木筏时，不小心撞在了某个船员的脸上！每天早晨，大家都会到甲板上徘徊，捡起那些夜间蹦上木筏的可怜的小鱼。他们最多的一次捡到了26条！那天的早餐真是棒极了。

"康提基号"就像一个小小的海上天堂，它周围围绕着许多奇妙的海洋生物。有一次，一条两米半长的蓝鲨悄悄地跟在船尾，并且用肚子在木筏上蹭来蹭去。托尔从来没见过这样的奇景，他都惊呆了。

　　在木筏上过夜非常有趣，夜里，总会发生一些奇怪的事情。一天晚上，"康提基号"驶进了一片平静的水域。一个叫托尔斯坦的船员，靠在船舱边上睡着了。突然，有什么东西碰倒了他身旁的煤油灯。他本以为是一条小鱼又从水里跳出来了，于是心不在焉地伸手去抓那条倒霉的小鱼。可是摸到的，却是一个又长又黏的东西，而且像蛇一样蠕动着！托尔斯坦吓得跳了起来，赶紧松开了它。

　　大家都被吵醒了，他们赶紧点亮了灯，想看清是什么东西在船舱里乱窜。一番混乱后，有个船员抓住了它。只见他举着一条半人高的、瘦瘦的东西，好像是一条鳗鱼。它的眼睛很大，鱼鳍上都是尖刺，剃刀般锋利的牙齿让人不寒而栗。

　　这一定是个来自深海的家伙！以前从来没人见过这样的东西，它很有可能是太平洋里的新物种。它的嘴里还含着一条被啃成几段、形状像蛇一样的透明小鱼。

　　从那以后，托尔都会在值夜时仔细检查木筏是否一切正常。托尔见过有个很大的东西闪着光，仿佛水下聚集了无数只萤火虫，但他并不知道那是什么。

　　其实是什么并不重要，重要的是，那一刻，托尔欣赏到了它在水底尽情起舞的美丽姿态，它仿佛跳了一曲优雅的华尔兹。托尔很开心，他为能体验到美丽而刺激的海洋生活而由衷地感到高兴。

　　对于托尔来说，遭遇那些危险和困境，以及为了建造"康提基号"付出的努力都是值得的，正是因为有了这些经历，他们此刻才能感受到太平洋的神奇魅力。

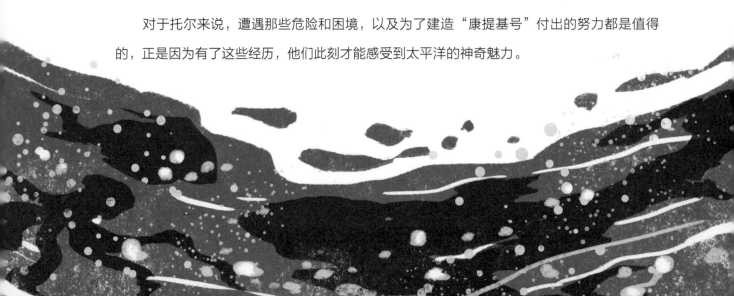

ISABELLA BIRD

→ 穿越什约克河

伊莎贝拉·伯德
1889年

探 险家伊莎贝拉·伯德有一匹银灰色的骏马，名字叫嘉乐。嘉乐高大英俊，令人记忆深刻。它勇敢、有劲，脾气却很大，一旦有人想要靠近它，它就会又踢又咬。伊莎贝拉之所以能忍受嘉乐的坏脾气，是因为它是她见过的最出色的马。它能毫不费力地爬上陡峭的石坡，在白雪皑皑的冰川上飞驰。虽然没几个人喜欢它，但大家都很敬畏它。准确地说，嘉乐正是伊莎贝拉穿越险峻的山谷和波涛汹涌的河流时所需要的那种马。

什约克河发源于喀喇昆仑山脉，流向西北，经喀喇昆仑山脉途中接纳许多冰川，全长550多千米。

伊莎贝拉和她的朋友们很早就出发了，他们骑着马，沿着干燥、多风的凯拉什山脉前行。他们会一直朝北走，然后越过坑坑洼洼的、满是石头的凯拉什山口，进入努布拉山谷后，再横渡汹涌的什约克河。伊莎贝拉越往前走，高原反应就越严重。嘉乐也难受得"呼噜呼噜"地喘着粗气，每走几步，它就得停下来喘口气。鲜红的血从它的鼻孔里淌了下来，这是之前

从未发生过的。嘉乐总是回头看着伊莎贝拉，仿佛在问："我究竟怎么了？"大家都感到恶心，头疼得厉害，但除了继续往前走，他们别无选择。

第二天，他们爬上了高山口。映入眼帘的景象异常美丽却又令人感到害怕：厚厚的乌云里藏着数不清的冰雹；大风裹挟着雪花，就像舞者手里撒下的花。伊莎贝拉浑身发冷，马儿们在深深的雪地里和冰封的碎石地上奔跑着，发出"嘎吱嘎吱"的响声。他们沿着山的另一边一直往下走，最后进入了广阔的山谷。冰川形成的碧绿色河流在沉睡的古老山脉间静静流淌。

他们又继续前行了好几天，离什约克河越来越近了。冰雪消融，河水涨潮了。伊莎贝拉知道，大家并不认为她和嘉乐有能力横渡什约克河，但她决心要完成这趟旅程！

终于，伊莎贝拉走到什约克河岸边了。她惊奇地四处张望，觉得自己异常渺小，群山像是巨人的手，把她抱在怀里。她面前的什约克河河床上全是白沙和碎石子。它有8条宽阔的支流，其中一条水流湍急，而且很深。马儿们颤抖着不肯向前，它们在汹涌的河水前胆怯了。

什约克河约有2.5千米宽。第一条支流很浅，伊莎贝拉和她的队伍还能应付。第二条就变深了，冰冷的河水拍打着马儿们颤抖的身体，有匹马儿不小心滑倒了，大家赶紧朝它大喊着，鼓励它站起来，叫喊声回荡在整个山谷。

惊险刺激的场面让嘉乐兴奋了起来，它变得神采奕奕，在水中跳来跳去，甚至还扑向身边的人与他们嬉戏，它的眼睛里闪烁着欢快的光。

一个小时后，他们浑身湿透，从山的另一头走了出来。大家都觉得这实在太不容易了，但在伊莎贝拉看来，一切皆有可能，没必要大惊小怪，况且……她抬头看了看前方，最深、最危险的地方就要到了！

可怕的急流像瀑布一样从伊莎贝拉身边呼啸而过。伙伴们在到处寻找能过河的路线。他们把马身上绑着口袋的绳子勒得紧紧的，然后走进了湍急的河水里。伊莎贝拉一声令下，大家拉紧缰绳，喊着口号开始渡河。河水越汹涌，喊声就越响，最后已经分不清耳边的声音是喊声还是水声了。伊莎贝拉和她的队员们奋战了半个小时，终于，队伍里有人率先爬上了河岸，随后他将他的马也拽上岸。成功就在眼前！

这时，有人建议伊莎贝拉骑另一匹马过河，因为前面的支流实在太深了，又有漩涡，嘉乐力气大、好动，万一不小心将伊莎贝拉颠下马背

就麻烦了。伊莎贝拉想了想，接受了这个提议。她从嘉乐背上下来，跨上了另一匹马开始渡河。然而，到达水中央后，无论大家怎么吆喝，那匹马始终陷在水里无法继续向前。急流里的漩涡袭来，一下子将伊莎贝拉和那匹马卷了进去。伊莎贝拉被马死死压在身下，她挣扎着想要站起来，河水却一直把她往下拽。幸亏伙伴们及时赶过来，他们抓住伊莎贝拉的胳膊，使劲把她往上拉，费了九牛二虎之力才终于将她拖上河岸。伊莎贝拉躺在岸边喘着气，她的一根肋骨似乎折断了，但总算死里逃生了。而那匹可怜的马，却被急流吞没了。

大自然有它自己的思想和超越一切的力量。无论是宽阔的什约克河，还是那些帮助他们渡河的动物，都让伊莎贝拉产生了深深的敬畏。她永远不会忘记那匹牺牲的马儿。她重新跨上了嘉乐的背，并感谢它不离不弃的陪伴，然后继续向远方前行。

SARAH MARQUIS
→ 蒙古风暴

萨拉·马基
2010年

萨拉·马基是一名瑞士的探险家，她正在进行一次伟大的旅行——独自从西伯利亚徒步到澳大利亚。

西伯利亚位于北亚地区，西起乌拉尔山脉，东至杰日尼奥夫角，南至蒙古、外兴安岭，北临北冰洋，面积约1300万平方千米。

炎热的天气里，萨拉白天赶路，晚上休息。其间她经历了一个灾难般的夜晚——夜幕降临时，狂风大作，萨拉艰难地搭起了帐篷。风没有方向地刮着，像是和即将到来的暴雨在比赛谁的声势更大。萨拉用长钉沿着帐篷四角对帐篷进行了加固，以防止它被狂风掀开。这时雨已经下了起来，萨拉赶紧钻进了帐篷。

外边突然变得异常安静。萨拉觉得有点儿不太对劲，她将帐篷的拉链拉开一个缝隙往外一看，顿时吓坏了，一堵白色的墙正在向她逼近，已经快要到眼前了。那是冰雹！它能把薄薄的帆布帐篷砸穿……萨拉立刻穿上鞋子爬出帐篷。

冰雹有她半个拳头那么大，就像无数个从水桶里倒出来的大理石块一般砸在她的身上。萨拉疼得叫出了声，但她意识到这还不是最糟糕的。斜坡上，泥石流正轰隆隆地向她冲来。得赶紧逃，不然会没命的！

　　萨拉背起沉重的背包，用力抓住手推车的把手。虽然脚下在不停地打滑，整个人都摇摇晃晃，但她仍在拼尽全力往前跑。短短的几分钟仿佛一个世纪那么漫长。突然间，暴风雨过去了，一切变得寂静无声。萨拉倒在地上，筋疲力尽。她的背包和手推车还在，但她的帐篷却没能保存下来——它的一半被冰雹砸得四分五裂，另一半被埋在灰色的泥土里。

　　冒险还在继续。在一个安静的傍晚，萨拉正在做晚饭，突然从身后袭来一股大风，一下子将她的锅刮飞了。萨拉慢慢地转过身去，顿时睁大了眼睛：一堵厚厚的、旋转的红色沙墙，从地面一直延伸到天空，径直朝她涌来。是沙尘暴！周围没有任何藏身之处，萨拉只能一头扎进地里。紧接着，她便被可怕的沙尘暴吞没了，沙子刺痛了她的皮肤，钻进了她的耳朵、眼睛和鼻子，她咳嗽了起来。幸运的是，即便沙尘暴席卷了整个沙漠，但萨拉还是再次幸运地活了下来！

　　一路走来，萨拉已经疲惫不堪了。这天傍晚时分，太阳在一团橘红色的光里落下，萨拉来到了一个高高的悬崖边，巨大的岩石就像从地里爬出来的大野兽的背。多么令人难以置信的地方！萨拉决定就在此处搭备用帐篷。璀璨的星空下，萨拉觉得自己非常幸运，能够在这个星球上如此耀眼却又荒凉的地方安然入睡。

　　午夜时分，萨拉突然坐直了身子。刚才是什么声音？她紧张地竖起耳朵，却又什么都没听到，空旷的沙漠里一片寂静。萨拉重新躺下，钻进温暖的睡袋，慢慢地闭上了眼睛。

　　嗷呜！一声嚎叫在岩壁间回响。是一只狼！在萨拉的徒步之旅中，人们给她讲过许多饿狼成群结队在沙漠中游荡的故事。她遇到的蒙古游牧民族的人总是会询问她是否看到或听到过它们，在哪儿，从哪个方向。

　　紧接着，一阵叫声响起。是一群狼在回应！萨拉感到皮肤上起了鸡皮疙瘩。它们应该就在附近。也许她搭建帐篷的岩石下就是它们的家。她将永远记住这一刻。

　　"谢谢。"萨拉轻声对狼群说道。沙漠有时会让她感到害怕，但面对这个荒凉而壮丽的地方，她更多的是敬畏。

JUNKO TABEI

→ **珠峰雪崩**

田部井淳子
1975年

部井淳子是一位来自日本的登山者。她正在二号营地抬头仰望着雄伟的珠穆朗玛峰，它高得让人头晕目眩。这座山神秘而又古老，如同一位老人，虽然弯着腰，却非常骄傲。站在它面前，淳子似乎完全能感觉到它的智慧和年龄。它经历了数亿年的风吹雨打，那些裂缝就像深深的皱纹；雪水从山脊上流下来，就像在风中颤动的细长的眉毛；被冰覆盖的峭壁是它的白胡子。它屹立于此，凝视着暴风雪、动物和来来往往的人们。它实在是太雄伟了！

通往珠穆朗玛峰的上坡路上，淳子碰到过盘旋着的灰色云层，这是麻烦要来临的迹象。但除此之外，天气并无任何异常。也许，淳子和她的队伍可以依偎在这个巨人的怀里好好休整一番。

他们的探险已经进行了一个半月，距离登顶只有一周的路程了。今晚他们需要充分休息，让身体好好恢复，然后再继续向顶峰进发。现在重要的是，他们需要时间适应高海拔，这样就不会有严重的高原反应了——他们爬得越高，身体恢复时需要的时间就越久。

淳子把自己裹在一件厚厚的羽绒服里，然后钻进了鼓鼓的睡袋。她仿佛已经感受到了珠穆朗玛峰的美丽和力量。淳子下定决心，要像她平时登山那样，一步步往上爬，一次次抓住石头，来接近它的顶峰。她知道她无法征服这座山，她只是祈祷自己可以平安。帐篷里，她和身边的朋友们道了晚安，随着困意来袭，她激动的心情才渐渐平复下来。

午夜时分，一个夏尔巴人离开帐篷去上厕所，他是帮助淳子他们登山的当地人。冰冷的空气中，眼前的一幅景象引起了他的注意。距离他头顶1 000多米的山坡上，一大片积雪正从上面滑下来。这件事太可怕了！因为这会变成一场雪崩。

不能浪费时间了，他跑回帐篷，叫醒了其他的夏尔巴人。他们离淳子的帐篷太远了，无法告诉她和她的团队，他们不得不为抵御雪崩做准备。雪崩随时会来。他们用尽全身力气靠在帐篷的杜子上，然后不安地等待着。几秒钟后，一堵"白色的墙"将营地全部掩埋，巨大的冰块从夏尔巴人头顶呼啸而过。他们必须赶紧爬出去，这样他们才能帮淳子和其他人，淳子他们睡得正香，随时会被雪崩吞没。

不远处，漆黑的夜里，淳子被身下颤抖的大地惊醒了。外面低沉的隆隆声变成了震耳欲聋的撞击声。然后"砰"的一声，雪块砸进了她的帐篷。淳子感觉整个世界都在翻滚。帐篷被暴风雪掀飞。冰就像用锯齿状的水晶做成的箭，在寒冷的空气中嗖嗖作响，射向他们。淳子觉得自己的胸口仿佛压了一座大山让她无法呼吸。她会死吗？她不知道。

一切归于沉寂。淳子想动一动，但身体像是被沉重的锁链捆住了。她被压在一块巨大的冰块下面，埋在了厚厚的雪堆下。

"大家都好吗？"她喊道。可是没有人回答。她的队友一定是被雪全部埋起来了。怎么办？淳子知道，如果被埋在厚厚的积雪下，大概五六分钟之后人就会窒息而亡。她需要空气。她得冲出去！

淳子看到距离她不远的地方，隐约闪烁着红色和黄色的光。那一刻，她坚定了自己要活下去的信念。她相信很快就会有人来帮她，接着淳子眼前一黑，失去了知觉。

有人拉扯着她，她被摇醒了。四个夏尔巴人把淳子从冰冷的雪下拖了出来，放到了松软的地面上。她旁边是一个队友，正跪在雪地里祈祷。

"大家都还好吗？"她担心地问。

队友回答："是的，大家都没事。"

有生以来，淳子从未感到如此庆幸。那天晚上，他们都奇迹般地死里逃生。他们离珠穆朗玛峰的顶峰还很远，他们自以为待在这座山上相对安全的地方。但就是在这里，他们差点儿丢了性命。这让淳子更加感受到了大自然的非凡力量。

不过，即便经历了这样一场灾难，淳子也没有放弃。在实现梦想的道路上，她勇往直前，终于成为历史上第一位登上地球最高峰的女性。

XUANZANG

→ **迷失沙河**

玄奘
629年

很久以前，有一位名叫玄奘的中国高僧，为了弘扬佛法，取回真经，他游历各国17余载，曾独自走过灼热的沙漠、高耸的山峰和危险的河流。

取经的道路是艰险的。首先，他必须逃过官府的耳目！因为他给皇帝上奏，请求远赴印度求取真经，可是并没有得到准许，但玄奘还是向印度进发了。他有坚定的信仰和使命，什么也不能阻止他。为了避开官差，玄奘白天会躲起来，然后等到晚上，在夜色的掩护下赶路。就这样，他走到了中国西部边陲。对中国人来说，那是东方世界与西方世界的分界线。

在瓜州县休息时，玄奘买了一匹马，准备好了要用的东西。他必须小心，因为边关的暗探很可能在监视着他的一举一动。

出发前一天晚上，玄奘去佛堂祈祷，遇到一个叫班达的人。他主动提出可以做玄奘的向导，带他穿过玉门关和五座通向沙漠的关隘，玄奘欣然接受了。毕竟探索未知的世界需要这样的伙伴。

第二天，他们准备出发了。这时，一个满脸皱纹的老人，骑着一匹满身斑点的瘦马向玄奘问好。他告诉玄奘，他和他的马已经穿越沙漠30次了。他还提到了沙漠中的幽灵、可怕的风暴和干涸的水源。玄奘不禁陷入了沉思，他想起曾经做过的一个梦：佛祖告诉他，他会骑着一匹瘦瘦的、满身斑点的马穿过沙漠。想到这里，玄奘决定用他骑的健壮的马去换老人的那匹瘦马。老人欣然同意，然后骑着交换后的马欢天喜地地离开了。玄奘默默祈祷，希望换来的这匹瘦马能给他带来好运。

但是玄奘的运气并不好。经过一天的奔波劳累后，班达显露出了他的真面目，原来他是

个盗贼，企图在半夜杀死玄奘，抢夺他的行李。幸运的是，玄奘提前察觉出班达的意图，逃过一劫。仓促之间，玄奘只能骑着那匹瘦马，独自一人继续踏上旅程。

玄奘骑着瘦马缓慢地往前走着，不久，石道就变成了软沙。沙丘从四面八方拔地而起，翻滚着金色的浪，沙子下面还掩着半截白骨。这让玄奘明白，在他之前已经有很多旅行者到过这里，但可能都被渴死了，所以当务之急，他必须尽快找到水源。

时间仿佛经过了一个世纪般漫长，玄奘看到远处好像有一座关隘，这是五座关隘中的第一座。为了躲开守卫的视线，他躲进了沙坑里。他在那里一直等到天黑，然后在夜里悄悄地穿过了关隘。

玄奘跌跌撞撞地掉进了关隘附近的一个水坑。太幸运了，有水了！正当他跪下取水的时候，一支箭"嗖"地朝他飞来——有个守卫发现了他。他必须说服守卫放过他，这里绝不能是他旅程的终点。玄奘很幸运，这个守卫竟然也是佛教教徒！他虽然不支持玄奘去印度的梦想，但最终还是放他走了。

玄奘不能再冒险了，不然他会在其他的四座关隘再次被捕的。他叹了口气，开始向北走，他走到了沙漠中一个叫"沙河"的地方。这个地方很可怕，没有人敢住在这里，甚至连棵树都没有。

狂风吹平了玄奘面前的路。他迷路了，更糟的是，水喝没了。据说这附近有一个水坑叫"野马之泉"，但玄奘不知道具体在什么位置。

连日来，玄奘和那匹满身斑点的瘦马艰难地前行着。虽然他还没有停下脚步，但他觉得自己快要支撑不下去了。这时，玄奘突然发现，他的那匹瘦马不知道什么时候已经不在他身边了，而是独自跑了！玄奘筋疲力尽，实在没有力气去喊住它。那匹马儿瘦得皮包骨头，跑起来却很是灵巧，它似乎在寻找着什么。玄奘决定跟着它走。

没过多久，玄奘的眼前竟然出现了一片绿洲！他难以置信地摇了摇头，不敢相信这是真的。玄奘拼尽全力，以最快的速度冲了过去。绿洲的中间有一处波光潋滟的水潭。是水！那匹满身斑点的瘦马救了他的命！

玄奘开心极了。那匹老马虽然很瘦弱，但它聪明而且有经验。对于玄奘而言，它比任何年轻的马都更有价值，是可以信赖的好伙伴。他们喝足了水安顿下来，休息一天后，将继续完成他们不可思议的旅程。

DELIA AKELEY

→ 寻找"森林人"

迪莉娅·艾克利
1924年

无论从身体还是意志来看，迪莉娅·艾克利都是一个很坚强的人。她曾去过遥远的非洲，寻觅野生动物的足迹，那是你难以想象的神奇经历。而此刻，她想进行一次大胆的冒险：寻找"森林人"部落。相传，这个部落藏在刚果腹地，人们对它知之甚少。只听说部落中的人体形矮小，个个都是好猎手；而且他们善于伪装，即便他们就在你眼前，你也难以察觉。迪莉娅想找到这个部落中的人，亲自见证他们的本领和文化。

俾格米人居住在非洲中部热带雨林地区，被称为非洲的"袖珍民族"，成年人平均身高1.30米至1.40米。他们崇尚森林，男子狩猎，女子采集，没有私有观念，财产归集体所有。

几个月过后，迪莉娅到达了刚果。她为此做了充分的准备。她深吸了一口气，开始出发寻找俾格米人，当地人称呼他们为"森林人"。

迪莉娅雇了33个当地男子帮她搬运物资。他们沿着小路，一边大步向前，一边放声歌唱，歌声回荡在整个丛林。大自然似乎也被他们的歌声所感染，各种鸟类从树荫里飞了出来，扇动着色彩绚丽的翅膀。它们美妙的叫声伴着大家热情的歌声，汇聚成一幅美丽的景象。

迪莉娅走过很多部落聚居地，村民们都对她很友好。尤其是当大家

听说她是个独自探险的外
国人时，大家就对她更友善
了。部落里的女人对迪莉娅很
好奇，她们打量着她古怪的衣着，
咯咯地笑着。

这些部落里，村民们靠
鼓点来传递消息。不同的鼓
点代表着不同的意思，就
像摩尔斯电码一样神奇。
鼓点可以提醒大家很多事
情。比如，一群大象闯入
森林了，或者有一场婚礼邀
请大家参加。不过今天，它被用
来告诉附近的部落，一位友好的陌
生朋友来了。

在部落里，迪莉娅碰巧遇到了一
个"森林人"，他正在此处歇息。太
好了！迪莉娅终于有一位能带她去
寻找"森林人"的向导了！

可是，出发之后，迪莉娅几乎

跟不上这位向导的速度。他轻车熟路地在丛林间穿梭着，迪莉娅要想跟上，只能紧盯着那些他一路留下的痕迹。迪莉娅不禁在想，他走得这么快，知道自己要去哪里吗？一路上，迪莉娅和她的队伍一边与纠缠着他们的藤蔓植物做斗争，一边在崎岖不平的小路上艰难前进。中午时分，迪莉娅就感到非常疲惫了，她示意大家停下来休息。

迪莉娅在一棵高大的树下搭好了帐篷。为了阻止那些令人抓狂的小爬虫靠近她，她在树周围撒满烟灰。伙伴们的歌声响了起来，大家的倦意渐渐退去，他们开心地聊着天，笑声响彻了整个森林。

与此同时，迪莉娅的新朋友——那位向导陪着她一起探索了这个神奇的地方。他们爬上大树，躲在树枝后观察着那些奇妙的生物：有一种蜘蛛，它的腿又长又尖，身体五颜六色，织的网巨大无比；还有另一种长着毛的黑色大蜘蛛，它的脾气就像它的外表一样吓人。

这些危险的生物让迪莉娅有些害怕，她不想再继续观察了，于是和向导一起返回了营地。

第二天早上，在向导的陪同下，他们开始了最后一段路程。"森林人"和其他原始部落的居民一样，他们打猎用骨矛，住的房子是用茅草盖的，遮风避雨完全没问题。这时，附近有什么东西引起了迪莉娅的注意，原来是一个小个子男人。迪莉娅又往前走了几步，她发现自己身边有很多小茅屋，茅屋周围有一片半圆形的空地，茅屋上还覆盖着宽大平整的叶子用来防雨水。

迪莉娅看见了很多"森林人"，有男人、女人和孩子。她的兴奋消失了，恐惧爬上了她的心

头。因为这些"森林人"手里拿着棍棒、弓箭和长矛，警觉地看着迪莉娅。迪莉娅意识到，如果她没能给他们的首领留下好印象，那就大事不妙了。

首领坐在正中央，他没有理睬迪莉娅。虽然迪莉娅很害怕，但她还是小心翼翼地向前迈了一步。首领还是没有理睬她，甚至眼睛都没眨一下。他只是伸出手，轻轻地碰了碰迪莉娅的指尖，然后抬起头笑了笑，阳光在他的脸上留下一道阴影，他洁白的牙齿在闪闪发光。随后，他俯下身，往一个有裂缝的旧杯子里倒了些饮料。他喝了一小口，向迪莉娅表明里面没有毒，然后把杯子递给她，示意她共饮一杯。首领始终都没有说话，但是迪莉娅知道，首领已经接纳了她。

所有人都放松下来。"森林人"放下手中的长矛，开心地载歌载舞起来。在刚果丛林里，迪莉娅感受到了陌生人的善良。她又完成了一次堪称传奇的探险！

ALAN MCSMITH

→ 在荒野偶遇大象

艾伦·迈克史密斯

2012年

在南非的克鲁格国家公园，黎明前一小时的天空中星光闪烁，整个世界仿佛都变成了神奇的蓝绿色，静静等待着太阳升起。探险家艾伦·迈克史密斯醒了过来，他睡眼惺忪地看着周围朦胧的荒野。不一会儿，鸟儿就开始歌唱，好像在告诉全世界，天亮了。

克鲁格国家公园是南非最大的野生动物保护区，占地约2万平方千米。园中一望无际的旷野上，分布着大象、狮子、犀牛、长颈鹿、野水牛、斑马、河马、猎豹、鳄鱼等众多珍禽异兽。

艾伦一生都在研究非洲的野生动物，今天也不例外。他裹着毯子坐了起来，伸了个懒腰，脸上露出了笑意。艾伦很享受这份安静，好像天地之间，只剩他和眼前这片荒野。

黑夜渐渐地变成了白天。艾伦沏了一杯热乎乎的茶，茶很可口，更有趣的是，他那破旧的、锈迹斑斑的马克杯握柄处还有一串咬痕，那是闯进他营地的鬣（liè）狗留下的。鹧鸪和知更鸟的叫声打破了这早晨的寂静——是时候出发了。

艾伦知道，他的营地附近有大型野生动物出没，因为夜里一直有声响。作为动物专家，他能分辨出那是一群狮子正在追一头水牛。狮子的咆哮声告诉艾伦，它们已经离水牛很近了，但艾伦还想知道后来发生了什么。

艾伦和他的朋友莫里斯一起走出了营地。莫里斯是一个有着传奇经历的动物追踪专家，他走在前面，方便观察动物留下的脚印。柔软的泥土似乎在向他们诉说着动物们的故事。在晨光的照耀下，那些脚印显得清楚又立体。莫里斯通过这些痕迹，能辨别出大象是什么时候经过的，是不是有犀牛在水坑喝水，豹子在什么地方捕食。艾伦和莫里斯的配合很默契，他们毋庸多言，就能知道彼此在想什么。

他们沿着河床继续往前走，沙地上的脚印似乎在向他们讲述，狮子是怎么围着水牛转的，水牛又是怎样逃出来的。突然，芦苇丛中出现了一只鬣狗，它一定是听到了远处狮子的吼声，想过来捡一顿免费的午餐。艾伦喜欢鬣狗，多年来一直密切地观察它们，他认为鬣狗是聪明的群居动物，而且擅长狩猎，并不像大多数人想的那样笨拙和贪婪。

莫里斯让艾伦把注意力从鬣狗身上移开，他指着地面，有狮子刚刚留下的脚印！他们穿过面前那片被狮子踩扁的草地，蹑手蹑脚地朝前走，耳边响起奇怪的声音，那是狮子在咀嚼猎物时发出的声音。他们停下了。

艾伦和莫里斯蹑手蹑脚地躲在树后，前面的空地上有3只深棕色的雄狮，它们正在啃食一头水牛。

"我还以为水牛逃走了，"莫里斯低声说，"我们错了！"

艾伦和莫里斯不敢惊动狮子，他们悄悄地继续朝北前行。走了一会儿，莫里斯又发现了地面上有刚留下的大象脚印。他们得时刻保持警惕，不能轻举妄动，否则被卷入象群可就麻烦了。

为此，艾伦使用了一种特殊的烟灰来测试风向。他们必须顺着风向前行，因为大象嗅觉灵敏，能嗅到人类的气味。艾伦和莫里斯沿着迷宫般的丛林小径，走进了一片灌木丛，周围全是高大的树木和长长的草。

突然，一头公象从树后蹿了出来，它洁白的象牙在晨光中闪着雪白的光。它慢慢靠近艾伦和莫里斯，不过看起来并没有敌意。

"这头大象对我们很好奇，"艾伦小声对莫里斯说，"朋友，记住这一刻吧。"

大象离他们很近，它站在原地，打量着眼前的人类，像是在进行一场无声的对话。这种感觉非常奇妙。大象往前迈了一步，又往前迈了一步。每当它踩进软沙，空中就升起一缕细细的烟尘。大象已经近在咫尺，艾伦几乎可以看清它厚厚的灰色皮肤上的褶皱以及它的睫毛和脚指甲上的裂缝。当他们的目光交汇在一起时，艾伦觉得自己好像陷入了一个闪闪发光的旋涡，他似乎能透过这双眼睛，看到大象一族世代相传的古老智慧和进化演变的历程。

时间仿佛定格在了这个神奇的时刻。许久之后，艾伦和莫里斯终于回过神来，而这时，大象已经转身走开，慢慢消失在了森林深处。

FANNY BULLOCK WORKMAN
→ 创造新纪录

范妮·布鲁克·沃克曼
1906年

来自美国的登山家范妮·布鲁克·沃克曼站在印度苏鲁河畔，看着汹涌的河水从她脚下流过。

嫩贡山，拉达克地区的著名高山，最高峰Nun峰，海拔7135米，是印控查谟和克什米尔地区喜马拉雅山脉的最高峰。1953年，由法国、瑞士、印度、夏尔巴人组成的联合探险队首次登顶嫩贡山最高峰成功，此后各国的登山者们在这座山峰上陆陆续续开辟了多条登山路线。

砰！砰！砰！巨大的浮冰随着水流轰隆而下，撞在岩石上摔得粉碎，画面壮观而震撼。范妮正在寻找一个可以渡河的地方。对岸就是嫩贡山了，那里有一座高耸的雪峰，而范妮和丈夫威廉此行的目的便是登上峰顶！

范妮和威廉带领着十几个印第安搬运工在山间穿梭着，终于，他们找到了一处地方，在这里，汹涌的河流被分成了6条小溪。范妮认为这个位置最有可能成功渡河。前5条小溪很容易通过，但最后一条，也是最深最宽最可怕的一条，映入眼帘的是奔腾的急流、松散的石块和齐腰深的水。它有60多米宽，根本就不能叫小溪。这已经在考验范妮他们的勇气了。

他们花了3个小时，才成功渡河，又费了很大力气，把袋子、器材、食物等物资运到了对岸。上岸后，他们赶紧生起了火，借助熊熊燃烧的篝火，大家冻僵的身体才逐渐暖和起来，湿漉漉的衣服也被烘干了。

休整后，他们继续前行，从白天走到黑夜，又从黑夜走到白天。一路上，他们跨过灌木丛生的沼泽、穿过空荡荡的沙丘、爬过险峻的悬崖。他们爬得越高，气温就越低。渐渐地，巨石变成了冰原，沙漠变成了雪地，目之所及，世界已然从红褐色的荒漠悄然变成了蓝白相间的冰雪仙境。

前面就是嫩贡山了，陡峭的悬崖、摇摇欲坠的冰川和层层叠叠的岩壁环绕着嫩贡山的峰顶，令人生畏又感到无比震撼。范妮知道，要想成功登顶，他们得用上所有的登山技巧和经验。

似乎过了一个世纪，他们才找到一处可以歇脚的地方。每个人都筋疲力尽，但仍有工作要做。他们得测试一下冰斧好不好用，还要给登山靴上油——这是登顶前的最后一步。

他们接下来需要克服的困难是翻越雪墙。它太陡了，范妮他们不得不在雪墙上凿出台阶，感觉像是在修筑通往未知世界的阶梯。事实确实如此，因为从来没有人登上嫩贡山的峰顶，这是真正的探险！到了这会儿，已经没有回头路可走了，他们爬得越高就越难前行。范妮必须集中全部精
力，稍有不慎，就会掉进悬崖缝隙摔得粉身碎骨。

几天后，范妮、威廉和他们的队伍终于到达了半山腰。他们爬得太久了，全累得倒在了地上。空气稀薄，他们呼吸困难，好几个人都头疼得厉害。明天还得继续往上爬，但现在，又一个不眠之夜在等待着他们。猛烈的风刮得帐篷摇摇晃晃，范妮真担心狂风会把他们一股脑儿吹到山下。

黎明时分，他们继续踏上征程。当探险队爬上一个山脊后，他们终于第一次看到了峰顶。他们简直不敢相信所看到的一切。眼前是一片辽阔的雪原，四周高耸的山如同6根巨大的手指组合成的一顶巨大的王冠，而峰顶就像镶嵌在王冠顶部的珠宝。范妮他们成为第一批观赏到此处美景并决心登顶的探险家，面对大自然创造的奇迹，他们感到无比震撼的同时，又意识到了人类是多么渺小。

第二天一早，他们出发前往山顶，这可是个大日子！

他们爬啊爬啊，爬过布满裂痕的冰面和厚重的积雪。有些斜坡非常陡，他们不得不凿出一块落脚的地方稍做休息。范妮步履蹒跚，她觉得呼吸越来越困难了。

中午时分，他们到达了通向峰顶的山脊线。乌云在他们脚下翻滚，似乎要变天了。这时，范妮抬起头望向地平线时，突然愣住了。她意识到自己做到了。她已经站在山顶了！就在刚才，范妮·布鲁克·沃克曼打破了当时人类历史上女性最高登山纪录。她在世界上最美丽、最危险的山脉之一上完成了这项壮举。

范妮将永远铭记眼前壮丽的景色以及这一美妙时刻。

RANULPH FIENNES
→ 寻找失落之城

雷纳夫·法因斯
1991年

在地球最遥远的角落深处——阿拉伯沙漠的南部，伟大的探险家雷纳夫·法因斯正在寻找被遗忘的乌巴尔城。

几千年前，一条贸易之路向西延伸，成千上万的骆驼和商队从那里经过。如今，这条古道仿佛在沙漠里神秘失踪了一般，永远消失在群山环绕的金色沙丘中。而一同消失的，还有一座神秘的古城废墟。

多年前，当雷纳夫还是名军人的时候，他就梦想来这里探险。一个贝都因部落的酋长曾向他描述过失落的乌巴尔城。他说这是一个"在时间和记忆中消失了近千年的地方"，这里藏有巨大的财宝，就连柱子都是金子做的，而如今它就沉睡在此片沙漠之下。虽然只是传说，但雷纳夫还是踏上了惊险的旅程，前往寻找这座被沙漠吞噬的古城。

雷纳夫和他的伙伴尼古拉斯·克拉普带领着队伍来到了一处有可能挖掘出乌巴尔城的地方，他们把吊车开到了一口古井旁，然后开始拼命挖掘，希望能在此处找到线索。

几个小时过去了，一大桶一大桶的水和泥浆被拖上来。雷纳夫恶心得想吐。空气中弥漫着浓烈的动物尸体的腐烂气味，巨大的飞蝇在井口成群结队地盘旋着，它们嗡嗡地吵个不停，疯狂叮咬着众人的胳膊和脸庞。

啪！啪！啪！大家拍打飞蝇的声音不断回响着。"寻找失落之城"这件事听起来很迷人，但事实上一点儿也不好玩！

毫无进展地挖掘了几天后，他们决定停下来，收拾东西换个地方继续找，毕竟他们时间有限。他们研究着从人造卫星上传回的巨幅沙漠照片，在上面做标记。或许，这幅沙漠照片

能帮他们找到古城的线索。

　　沙漠里的沙丘看起来都长得一样，沙漠就像个巨大的迷宫，雷纳夫根本找不到丝毫乌巴尔城的踪迹。他们决定先从那条消失的古道找起，希望能得到新的线索。

　　他们带了8天的补给出发了，并雇了一名当地男子穆罕默德作为向导。对于穆罕默德来说，穿越沙漠似乎很轻松；但对于雷纳夫他们来说，这简直太难了。

　　他们不敢相信自己竟然能坚持下来——他们就像坐在世界上最好、最疯狂的赛车手身边，所有人拼尽全力，才能跟上穆罕默德的步伐。

　　夜空下，数不清的星星挂在天上。安排好轮流值夜后，大伙儿便裹着厚厚的毯子，躺在光秃秃的沙地上，在沙丘的遮掩下沉沉地睡着了。

　　雷纳夫仰望着天空中闪烁的星辰，它们在这片沙漠之上明明灭灭了几千年。如果星星会说话就好了，这样也许它们就能告诉雷纳夫，在哪里可以找到乌巴尔城的金色柱子！

几个星期甚至几个月一晃而过，雷纳夫和他的队伍还在不断探索着。他们下定决心不会放弃，所有人都坚信，只要坚持到底，一定能找到古城。

　　为了获取更多线索，他们还仔细勘探了地下的洞穴、古老的坟墓，甚至去请求世代生活在沙漠里的居民给他们讲一些民间传说故事。也许这就是探险的魅力所在吧，即使你面对的是1 000个死胡同，也要永不停止地尝试下去。

　　皇天不负有心人。最后，雷纳夫终于在一个意想不到的地方找到了乌巴尔城的遗迹——就在他和他的队伍第一次露营的村子下。

　　原来从一开始，乌巴尔城就一直安静地沉睡在他们脚下。虽然没有传说中的财宝和金子做的柱子，但是对雷纳夫来说，寻找这座神秘的古城废墟的过程才是人生最美妙的经历。